数　値
計算法

第3版

三井田 惇郎・須田 宇宙 著

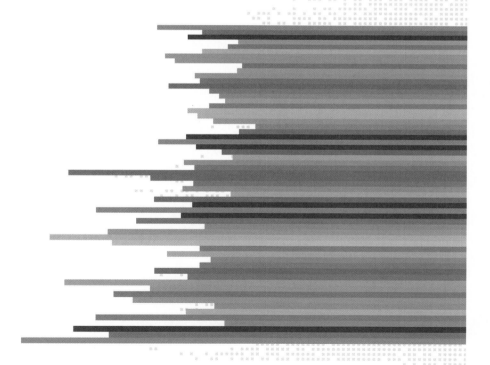

森北出版

第 3 版 まえがき

本書は初版発行以来，第 2 版，第 2 版・新装版と版を重ね，おかげさまで多くの大学・高専でテキストとして用いられてきた．第 2 版・新装版の発行から 9 年ほど経過したいま，新たに第 3 版を発行する運びとなった．第 3 版においては，2 色刷りによるレイアウトの刷新を中心に，解説やプログラムの書式の整理など，よりわかりやすい紙面の構築に努めた．

また，本書に掲載されているプログラムを以下のサイトにまとめているので，適宜参照されたい．

https://github.com/sudahiroshi/calculation_method

第 2 版・新装版の発行以後も，情報処理技術がますます発展・普及していることは言うまでもない．本書では，解説とともに数多くの例題・演習問題を掲載し，順番に解いていくことで数値計算の考え方が身につくよう配慮されている．本書がこれから数値計算を学ぶ学生・技術者の勉学の一助となれば幸いである．

2023 年 8 月

著　者

第2版 まえがき

近年のコンピュータの発達はめざましく，ネットワークの普及と併せて，専門家だけの道具ではなく一般的なものとなってきた．

情報処理技術がさまざまな産業へと浸透し，人工衛星や火星探査・木星探査ロケット，産業用ロボット，音声認識，画像認識，音声合成，CG，知識処理，符号化など，あらゆるものが数値演算に支えられている．

このように，情報処理は現代の生活にとって必要不可欠な技術であるが，読者諸氏にとって，教科書等に掲載されている理論と，目前にある事象が結びつかないことが多いのではないだろうか？　本書はこれらのさまざまな事象について具体的な解説を行い，各解法に基づいたフローチャートとC言語を用いたプログラム例を付記しており，事象とアルゴリズムの結びつきについて理解できることであろう．

本書は大学低学年の講義用に書かれているが，高専等の教科書として，また，初めて数値計算法を学ぶ人への入門書として平易に読めるように，論理の本質的な把握にも重点を置き，とくに図表を豊富に用いて視覚的に概念を把握できるよう努めた．したがって論理的な明確さに欠けた点も多いが，不足の分についてはほかの専門書を参照していただきたい．

なお，本書で扱っているC言語のプログラム例は，Microsoft社のVisual C++を用いて動作検証を行っている．できる限り汎用性をもたせた記述を心がけているので，筆者と異なる環境でも動作するものと思われる．また，Linuxを用いていくつかのプログラムを検証した結果，ほとんどがそのままの形で動作したことも付け加えておく．

最後に，本書をまとめるにあたって参考にさせていただいた巻末の参考文献の著者の方々に深くお礼申し上げるとともに，出版にあたってお世話をいただいた森北出版の石田昇司氏，上島秀幸氏に深く感謝する．

2000年8月

著　者

■第２版・新装版の刊行にあたって

ハードウェアと比べ，ソフトウェアの寿命は長いと言われている．本書の新装版の原稿と向き合いながら，第２版の原稿執筆時のコンピュータ環境を思い出している．当時と比較すると，コンピュータの高性能化・小型化が進み，利用スタイルも変化した．今後，人間の思考・行動を補助するような仕組みが発達するものと考えられる．その開発過程において，本書に記した様々なアルゴリズムが役立てば幸いである．

2014 年 1 月

著　者

第1版 まえがき

最近のコンピュータを中心とする情報処理技術はめざましい発達を遂げつつある.

さて, 一般の工学分野では, 限りある産業資源を加工して人間生活をうるおわせるという形態をもっている. ところが情報工学はこの形態とは異なって, 知識という無形の対象を加工する学問である. よって, 合理化と効率化を永遠に求めていくことができるために, 情報処理技術は今後ともあらゆる産業へと浸透していくだろう. これに伴って, 数値解析の手法は従来の方法とは異なった, 新しい発展を遂げつつある. 膨大な数値演算に支えられた人工衛星, 産業プラントやロボットの制御, 音声・画像等のデータ処理, 知識工学へと, 数値演算の領域はますます広がっていく.

このような中にあって大学の教育は, どのように時代が進歩しようとも, この変化に積極的に対応のできる, 独創力のある人材を養成することが必要になる. よって, 情報工学入門シリーズの1巻としての数値計算法に要求されることは, 基礎に基づき体系づけて解説がなされ, しかも情報工学で扱われる多くの問題との関係づけがなされていることであろう. しかし, 何よりも必要なことは, 具体的な事象と論理的取り扱いが完全に結びついて, わかりやすい記述になっていることであろう. この考えに基づいて, 本書では各解法に基づいた工学的な例題について, 読者がすぐに検証できるようにフローチャートとBASIC言語を用いたプログラム例を付記している.

第1章は最も基礎となる方程式の求根を扱っており, 2章は連立1次方程式の解法について, 3章は近似式と補間法について解説している. 4章は数値積分法について, 5章は常微分方程式の解法について, 6章は偏微分方程式の解法について述べられている. これらの基礎的技法に基づいて, 7章は行列と固有値問題についてわかりやすく記述されている. 第8章ではこれからの情報工学でとくに必要になろう高速フーリエ変換を解説し, 信号処理の技法の導入部分についても触れている. 第9章はモンテカルロ法を取り上げることによって, 最も計算機的な問題の取り扱い, 確率的な問題についても述べられている.

なお，本書は大学低学年の講義用に書かれているが，高専等の教科書として，また，初めて数値計算法を学ぶ人への入門書として平易に読めるように，論理の定性的な把握にも重点を置き，とくに図表を豊富に用いて視覚的に概念を把握できるよう努めた．したがって論理的な明確さに欠けた点も多いが，不足の分については他の専門書を参照していただきたい．

最後に，本書をまとめるにあたって参考にさせていただいた巻末の参考文献の著者の方々に深くお礼申し上げるとともに，出版にあたってお世話をいただいた森北出版の石田昇司氏に深く感謝する．

1990 年 8 月

著　者

目　次

学習の前に

■ ギリシャ文字

理工学の諸分野ではギリシャ文字がよく使われます.

大文字	小文字	読み方		本書および諸分野での使用例
A	α	alpha	アルファ	方程式の係数, 流れ密度, 角度
B	β	beta	ベータ	方程式の係数, 角度
Γ	γ	gamma	ガンマ	方程式の係数, 一様乱数, 角度, 比重
Δ	δ	delta	デルタ	平均サービス時間, 角度, 増分, 微小量
E	ε	epsilon	イプシロン	誤差範囲, 微小量
Z	ζ	zeta	ジータ	
H	η	eta	イータ	
Θ	θ	theta	シータ	角度, 温度
I	ι	iota	イオタ	
K	κ	kappa	カッパ	
Λ	λ	lambda	ラムダ	波長
M	μ	mu	ミュー	平均値, 単位の接頭語
N	ν	nu	ニュー	正規乱数, 振動数
Ξ	ξ	xi	クサイ	
O	o	omicron	オミクロン	
Π	π	pi	パイ	円周率
P	ρ	rho	ロー	密度
Σ	σ	sigma	シグマ	標準偏差, 応力
T	τ	tau	タウ	指数乱数, 時間
Υ	υ	upsilon	ウプシロン	
Φ	ϕ	phi	ファイ	角度, 位相
X	χ	chi	カイ	位置
Ψ	ψ	psi	プサイ	角度
Ω	ω	omega	オメガ	角周波数

■ プログラムの注意

本書のプログラムは以下の環境で動作検証を行っています.

macOS: XCode の Command Line Tools に搭載されている gcc[*1]

Linux: gcc

Windows: Visual Studio に付属の cl.exe[*2]

*1　通常，¥（円記号）は \（バックスラッシュ）と同じ文字コードが割り振られており，フォントによって見え方が変化します．しかし，macOS では，これらの文字を厳密に区別するので，\ を用いてください．ただし，フォントによっては \ が ¥ に見えてしまう場合があります．

*2　Visual Studio 2005 以降であれば，cl.exe を簡単に利用するためのコマンドプロンプトが用意されています．以下の順にメニューをたどって開発者用のコマンドプロンプトを起動し，「cl ソースプログラムのファイル名」でコンパイルしてください．

スタートメニュー—Visual Studio—Developer Command Prompt for VS

1章 方程式の根

一般に，高次の方程式や非線形の方程式は，一般解を求めることができない．しかし，コンピュータは反復計算を高速に，しかも正確に行うことを得意とする．よって，この性質を用いて方程式の近似解を求める方法がある．方程式の求根の数値計算法は各種考えられているが，ここでは工学的によく用いられる 2 分法とニュートン法，そしてベアストウ法について解説する．

1.1 2 分法

この方法は，方程式がある区間で根を 1 つだけもつことがわかっている場合に，近似値を求める最も簡単な方法である．

▶ 1.1.1 2 分法について

まず，方程式 $f(x) = 0$ が，ある区間で $x = \alpha$ という根を 1 つだけもつことがわかっているものと仮定して，関数 $y = f(x)$ のグラフを考えてみよう．この根が重根でないとすると，図 1.1 に示すように，関数 y は x 軸と $x = \alpha$ の点で交わるはずである．よって，当然のことながら関数値 $y = f(x)$ は $x = \alpha$ の前後では符号が逆転する．この符号の逆転という性質を利用して，符号の逆転する 2 点を限りなく狭めていけば，方程式 $f(x) = 0$ の近似解を求めることができる．

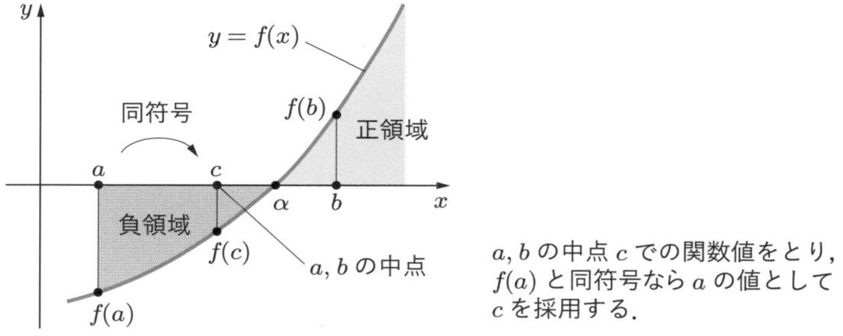

a, b の中点 c での関数値をとり，
f(a) と同符号なら a の値として
c を採用する．

図 1.1　2 分法の原理図

このように，方程式 $f(x)=0$ が，x のある区間 (a,b) で1つの解をもつことをまず調べて，この2点 a, b を出発点として近似解を求める方法の1つに**2分法**がある．2分法は，x 軸上の点 a と点 b の中点 $x=c$ において関数値 $f(c)$ を求め，$f(c)$ の符号と $f(a)$, $f(b)$ の符号とを比較しながら根のある区間を狭めていく方法である．

さて，図1.1にも示したように，方程式の根 α は区間 $x=a$ と b にはさまれているので，関数 $y=f(x)$ の値は $x=a,b$ において必ず異符号となり，次の式を満足する．

$$f(a)f(b)<0 \tag{1.1}$$

次に，2点の中点 $c=(a+b)/2$ において関数値 $f(c)$ を求め，先に求めた関数値 $f(a)$ と乗算する．その値が負符号となれば，方程式の根 α は必ず点 a と点 c の区間内に存在し，逆にその値が正符号となれば，α は点 b と点 c の区間内に存在することになる．

$$f(a)f(c)<0 \quad \cdots\text{根 }\alpha\text{ は点 }a\text{ と点 }c\text{ 間に存在} \tag{1.2}$$

$$f(a)f(c)>0 \quad \cdots\text{根 }\alpha\text{ は点 }b\text{ と点 }c\text{ 間に存在} \tag{1.3}$$

よって，$f(a)f(c)<0$ のときは，新たに出発点を a と c として，また，$f(a)f(c)>0$ のときは b と c を出発点として，同様の操作を繰り返せば，点 c は限りなく根 α に近づく（収束する）．しかし，一般には点 c が根 α と完全に一致することはないので，ある誤差範囲で計算を打ち切って，そのとき得られている c の値を近似解とする．打ち切りの判定は，次式のように a と b の差 $\left|a-b\right|$ と誤差範囲 ε との比較で行うのが一般的である．

$$\left|a-b\right|<\varepsilon \tag{1.4}$$

なお，この方法では，根が1つだけ存在する領域をあらかじめ確認し，その後に2つの出発点 a, b を決定する操作が必要になる．2点 a, b 間に根が存在しなければ根は得られず，また，a, b 間に複数根があってもそのうち**1つの根**しか得られない．よって，2分法を用いる前に関数の形状の概略を数値計算して，十分検討したうえで出発点 a, b を決定する必要がある．

例題 1.1　$f(a)f(b) < 0$ のとき，2点 $(a, f(a))$, $(b, f(b))$ を結ぶ直線が x 軸と交わる点を $x = c$ として，2分法と同様な収束を行わせる方法を，**はさみうち法**とよぶ．このとき，点 c を a, b で表せ．

解　2点を通る直線の方程式を $y = \alpha x + \beta$ とすると，この直線と x 軸との交点の x 座標は，方程式にこの座標を代入して，$c = -\beta/\alpha$ となる．一方，方程式に2点の座標を代入しても式が成立するから，次の関係が得られる．

$$f(a) = a\alpha + \beta, \quad f(b) = b\alpha + \beta$$

よって，直線と x 軸との交点 $c = -\beta/\alpha$ は，次のようになる．

$$c = \frac{bf(a) - af(b)}{f(a) - f(b)}$$

▶ 1.1.2　2分法によるプログラム

2分法の具体的なフローチャートとプログラムを次に示す（図 1.2，プログラム 1.1）．プログラム 1.1 は，方程式 $x^3 + x - 1 = 0$ の根を求めるものである．左辺の関数は，$x = 0$ で -1，$x = 1$ で $+1$ となるので，初期値 a, b としてそれぞれ0と$+1$ を与えている．この計算では許容誤差範囲として**収束判定条件** $EPS = 0.0001$ を与えたので，ある程度の誤差が含まれる．精度を向上させるためには，EPS の値を小さくする必要がある．

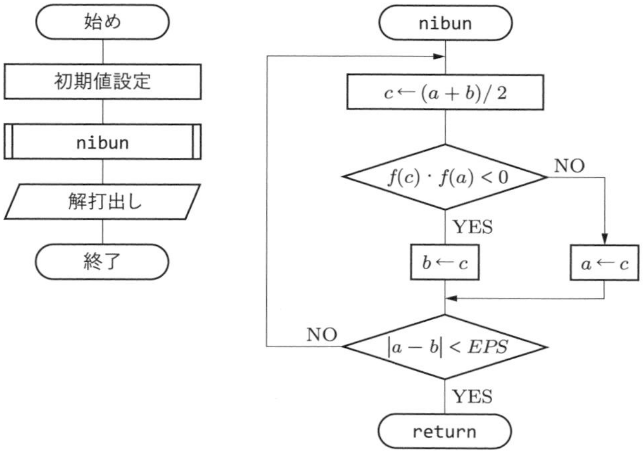

図 1.2　2分法フローチャート

プログラム 1.1

```
// 2分法

#include    <stdio.h>
#include    <math.h>

#define EPS 0.0001                                                  // 許容誤差

double  nibun( double, double );
double  func_y( double );

int main( int argc, char **argv ){
    double  a = 0.0, b = 1.0;                                        // 初期値設定
    double  x;                                                       // 解

    printf( "x^3 + x - 1 = 0 の2分法による数値計算¥n" );
    printf( "初期値 a = %6.3lf¥n", a );
    printf( "初期値 b = %6.3lf¥n", b );
    x = nibun( a, b );
    printf( "近似解 x = %6.3lf¥n", x );                                // 解打出し

    return 0;
}

double nibun( double a, double b ){
    double  c;

    do{
        c = ( a + b ) / 2.0;                                         // 2分計算
        if( ( func_y(c) * func_y(a) ) < 0 ) b = c;                   // 式(1.2)
        else    a = c;                                               // 式(1.3)
    } while( fabs( a - b ) > EPS ); // 収束判定 式(1.4)の変形
    return c;
}

                                        // 関数 y = x^3 + x - 1 定義
double  func_y( double x ){
    return pow( x, 3.0 ) + x - 1.0;
}
```

実行結果 1.1

```
x^3 + x - 1 = 0 の2分法による数値計算
初期値 a =  0.000
初期値 b =  1.000
近似解 x =  0.682
```

1.2 ニュートン法

2 分法では，方程式の根をはさんだ関数上の 2 点を出発点としたが，関数上の 1 点とその接線を用いて根に近づいていく方法として，**ニュートン法** (Newton's method) がある．関数が根の付近で単調に増加，または減少していれば，この付近での接線はつねに方程式の根の方向を向いているから，一般的には 2 分法に比べて少ない計算回数で近似解が得られる．

▶ 1.2.1 ニュートン法について

まず，ニュートン法の説明に先だって，関数 $y = f(x)$ を $(x-a)$ の多項式で展開する方法，**テイラー展開**について述べておく．簡単のために，2 次関数 $y = f(x) = \alpha x^2 + \beta x + \gamma$ を例に挙げよう．この関数を $(x-a)$ の多項式で表すように変形していくと，次のようになる．

$$f(x) = (\alpha a^2 + \beta a + \gamma) + (x-a)(2\alpha a + \beta) + \frac{1}{2}(x-a)^2(2\alpha) \quad (1.5)$$

ところで，この式の各項の係数は，ちょうど 2 次関数そのものと，その導関数に a を代入した形になっている．よって，次のように表すことができる．

$$f(x) = f(a) + (x-a)f'(a) + \frac{1}{2}(x-a)^2 f''(a) \quad (1.6)$$

このような展開法をテイラー展開とよび，2 次関数に限らずあらゆる種類の方程式でも同様に展開できる．そのときの展開式は次のようになる．

$$f(x) = f(a) + (x-a)f'(a) + \frac{1}{2}(x-a)^2 f''(a) + \cdots + \frac{1}{n!}(x-a)^n f^{(n)}(a) + \cdots \quad (1.7)$$

テイラー展開というのは，関数 $f(x)$ は $(x-a)$ のべき乗の集合として表すことができ，またそれらの係数は $(1/n!)f^{(n)}(a)$ になることを意味している．

さて，この展開式 (1.7) において $(x-a)$ が小さければ，いいかえれば x が a の近傍にあれば，小さいもののべき乗はさらに小さくなるので，右辺の第 3 項以下は無視することができる．よって，x が a の近傍にあれば，この式の第 2 項までで近似することができ，次のようになる．

$$f(x) \fallingdotseq f(a) + (x-a)f'(a) \tag{1.8}$$

この近似式において，方程式の近似解は $f(x)=0$ とおくことによって得られるから，上式を 0 とおいて x について解き，それを b とすると次のようになる．

$$b = a - \frac{f(a)}{f'(a)} \tag{1.9}$$

ここで求められた値 b はあくまで近似解であるので，この点 $\mathrm{B}(b, f(b))$ を新たな出発点として上記と同様な手続きを繰り返していくと，b は方程式の根 α に限りなく近づく．b が許容誤差範囲内に入ったら計算を打ち切って，そのとき得られている b の値を解とする．

$$\left|a-b\right| < \varepsilon \tag{1.10}$$

この過程を表すと，図 1.3 のようになる．図において，関数 $f(x)$ 上の点 $\mathrm{A}(a, f(a))$ で接線を引くと，接線の勾配はその点の微分係数 $f'(a)$ になる．よって，接線の式は次のようになる．

$$y - f(a) = f'(a)(x-a) \tag{1.11}$$

ここで，上式に $y=0$, $x=b$ を代入して，接線と x 軸との交点 b を求めてみると，式 (1.9) と一致することがわかる．図からも明らかなように，a に比べて b は方程式の根 α に $\Delta x = |a-b|$ だけ近づいている．次に，点 $\mathrm{B}(b, f(b))$ において接線を求め，その接線と x 軸との交点を同様に求めることを繰り返していけば，その

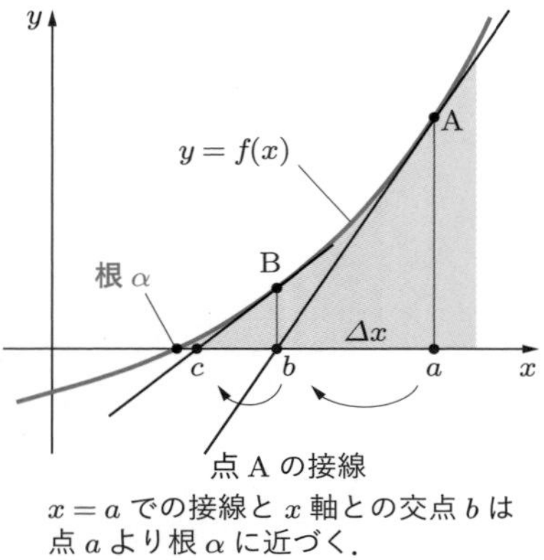

図 1.3 ニュートン法の原理図

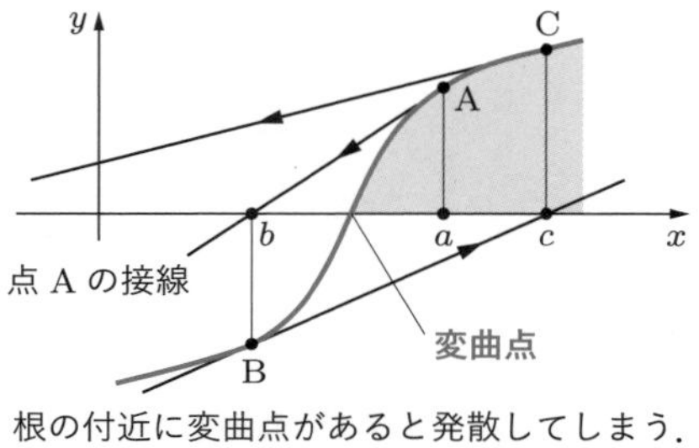

図 1.4 変曲点によって近似解が発散してしまう例

値 $x=c$ が根 α にさらに近づく状況がわかるだろう．

このニュートン法は，関数 $f(x)$ が**単調に増加，あるいは減少**している領域内で有効な手段である．図 1.4 のように，正と負の接線の勾配をもつ関数などでは接線によって得られる近似解 b は根 α に近づかず，かえって発散してしまうことがある．いずれにしても，関数の形状の概略を計算して，十分検討したうえで出発点 a を決定する必要がある．

例題 1.2　関数 $f(x)$ について，$x=x_0$ の近傍の関数値 $f(x_0+h)$ を，テイラー展開の式 (1.7) を用いて表現せよ．

解　式 (1.7) の変数 x に x_0+h を代入し，a の代わりに x_0 とおくことにより，次の式が得られる．

$$f(x_0+h)=f(x_0)+hf'(x_0)+\frac{1}{2}h^2f''(x_0)+\cdots+\frac{1}{n!}h^nf^{(n)}(x_0)+\cdots \tag{1.12}$$

▶ 1.2.2 ニュートン法によるプログラム

ニュートン法の具体的なフローチャートとプログラムを次に示す（図 1.5，プログラム 1.2）．プログラム 1.2 は，2 分法の例と同じ方程式 $x^3+x-1=0$ の根を求めるものである．この方法では導関数が必要になるので，あらかじめ与えるか，δx を微小距離として関数値 $f(x)$ と $f(x+\delta x)$ を求めて，

$$\frac{dy}{dx}\fallingdotseq\frac{f(x+\delta x)-f(x)}{\delta x} \tag{1.13}$$

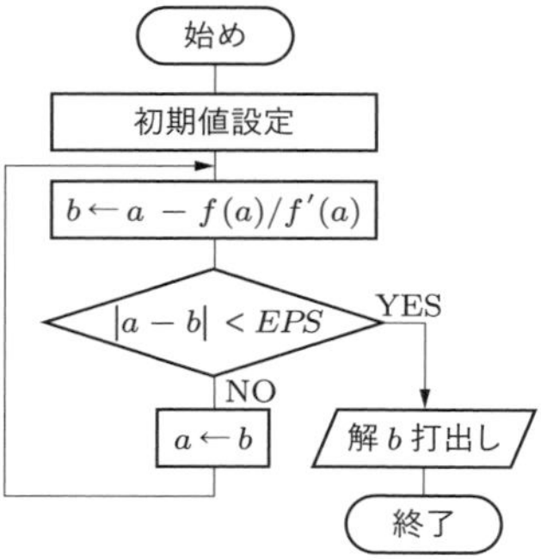

図 1.5　ニュートン法フローチャート

から微分係数を求める．ここでは，関数 $f(x)$ を手計算で微分して，関数 $\mathrm{func_z}(x) = 3x^2 + 1$ を用いて微分係数を求めている．

先にも述べたように，ニュートン法では，根の付近に変曲点があると発散してしまう．よって，プログラムを実行させたとき，計算がオーバーフローする場合には，初期値を適切な値に変える必要がある．

プログラム 1.2

```
//  ニュートン法

#include    <stdio.h>
#include    <math.h>

double  func_y( double );
double  func_z( double );

#define EPS 0.0001                                      // 許容誤差

int main( int argc, char **argv ) {
    double  a = 1.0;                                    // 初期値設定
    double  b;                                          // 解

    while( 1 ) {
        b = a - func_y( a ) / func_z( a );              // 式(1.9)
        if( fabs( a - b ) < EPS ) break;                // 収束判定
        else    a = b;
    }
    printf( "近似解 x = %6.3lf¥n", b );                  // 解打出し
    return 0;
}
                                  // 関数 y = x^3 + x - 1 定義
double  func_y( double x ) {
    return( pow( x, 3.0 ) + x - 1.0 );
}
                                  // 導関数 z = 3x^2 + 1 定義
double  func_z( double x ) {
    return( 3.0 * pow( x, 2.0 ) + 1.0 );
}
```

実行結果 1.2

```
近似解 x =  0.682
```

1.3 ベアストウ法

ベアストウ法 (Bairstow's method) は，一般の多項式の実根，虚根のすべてを求めることのできる便利な手法である．

▶ 1.3.1 ベアストウ法について

図 1.6 にベアストウ法の手順の概略図を示す．ベアストウ法は，多項式から強制的に 2 次の因数を探し出すことによって，多項式の次数を 2 つずつ，次々に下げていく方法である．

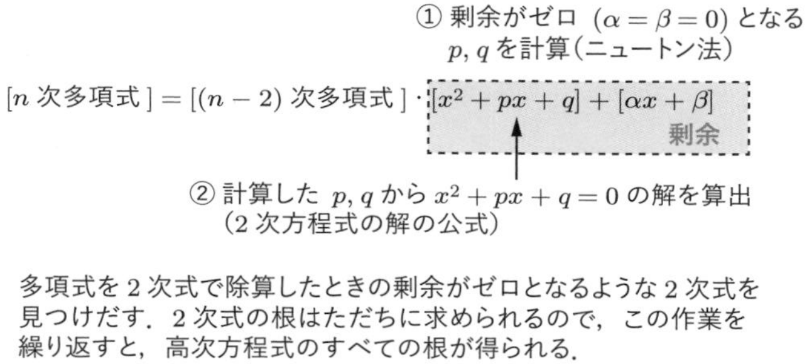
① 剰余がゼロ $(\alpha=\beta=0)$ となる
p, q を計算（ニュートン法）
[n 次多項式] = [$(n-2)$ 次多項式] $\cdot$ $[x^2+px+q]+[\alpha x+\beta]$
剰余
② 計算した p, q から $x^2+px+q=0$ の解を算出
（2 次方程式の解の公式）
多項式を 2 次式で除算したときの剰余がゼロとなるような 2 次式を
見つけだす．2 次式の根はただちに求められるので，この作業を
繰り返すと，高次方程式のすべての根が得られる．

図 1.6 ベアストウ法による高次方程式の求根手順

因数として計算された 2 次式は，2 次方程式の解の公式を用いて解くことによって，実根，虚根の区別なくすべての根を求めることができる．最初に与えられた多項式の次数が奇数だと，最後に 1 次式が残るので，この場合のみ 1 次方程式の根を求める．

いま，次のような一般の多項式を考える．

$$a_0x^n+a_1x^{n-1}+a_2x^{n-2}+\cdots+a_{n-1}x+a_n=0 \tag{1.14}$$

この多項式を x^2+px+q という 2 次式で除算すると，次のように 1 次式の剰余 $\alpha x+\beta$ が生じる．

$$\begin{aligned}&a_0x^n+a_1x^{n-1}+a_2x^{n-2}+\cdots+a_{n-1}x+a_n\\&\quad=(b_0x^{n-2}+\cdots+b_{n-3}x+b_{n-2})(x^2+px+q)+\alpha x+\beta=0\end{aligned} \tag{1.15}$$

ここで，剰余 $\alpha x+\beta$ が 0 となる p と q が見つかれば，方程式 (1.14) は

$$b_0x^{n-2}+\cdots+b_{n-3}x+b_{n-2}=0 \tag{1.16}$$

あるいは

$$x^2+px+q=0 \tag{1.17}$$

となる．この式 (1.17) は，解の公式を用いて解くことができる．また，他方の多項式 (1.16) は，同様の手続きで 2 次式と多項式との積に変形すればよい．このような手続きを繰り返せば，多項式のすべての根を求めることができる．

この手順に従って，α, β を p と q で表すことを考えよう．それにはまず，式 (1.15) の両辺で x の同じべき乗の項を比較する．すると，係数 a_k と b_k の間には次の関係が見つかる．

$$b_k=a_k-pb_{k-1}-qb_{k-2} \quad (k=0,1,2,\dots,n) \tag{1.18}$$

ただし，k の値が 1 と 0 の場合，b_{-1} と b_{-2} というものが出てくるので

$$b_{-1}=b_{-2}=0 \tag{1.19}$$

と仮定しておく．また α と β は，x の 1 次と 0 次の項に出てきて，その関係は，$a_{n-1}=pb_{n-2}+qb_{n-3}+\alpha$, $a_n=qb_{n-2}+\beta$ となる．ここに上式 (1.18) を代入して，a_{n-1} と a_n を消去すると，次の関係式が得られる．

$$\alpha=b_{n-1} \tag{1.20}$$

$$\beta=b_n+pb_{n-1} \tag{1.21}$$

方程式の係数列 $(a_0,a_1,a_2,a_3,\dots,a_n)$ は初めに与えられているのだから，これを 2 次式 x^2+px+q で割ったときの剰余の係数 α と β は，まず，式 (1.18)，(1.19) を用いて係数列 $(b_0,b_1,b_2,b_3,\dots,b_n)$ を求めて，その後で式 (1.20)，(1.21) を使って求めることができる．

さて，方程式が 2 次式 x^2+px+q で割り切れるためには，剰余の係数 α と β が 0 でなければならない．このような p，q を探すために，前節の例題 1.2 で述べたテイラー展開による近似式を用いてみよう．式 (1.12) に，$x_0=a$ と $h=\delta x$ を代入すると，次のように $x=a$ から δx 離れた点の関数値を表すことができる．

$$f(a+\delta x)=f(a)+\delta x f'(a) \tag{1.22}$$

ニュートン法で近似計算を行うには，この近似式を 0 とおいて δx を計算し，δx が許容誤差範囲に入るまで繰り返し演算を行う必要があった．

$$f(x+\delta x) = f(a) + \delta x f'(a) = 0 \tag{1.23}$$

よって，α, β についても同様に取り扱う．当然のことながら α と β は p, q の関数になるので，$\alpha(p,q)=0$, $\beta(p,q)=0$ と表現できる．p, q は独立な 2 変数であることに注意して，式 (1.23) のように表現すると，次のようになる．

$$\alpha(p_0+\delta p, q_0+\delta q) = \alpha(p_0,q_0) + \frac{\partial \alpha}{\partial p}\delta p + \frac{\partial \alpha}{\partial q}\delta q = 0 \tag{1.24}$$

$$\beta(p_0+\delta p, q_0+\delta q) = \beta(p_0,q_0) + \frac{\partial \beta}{\partial p}\delta p + \frac{\partial \beta}{\partial q}\delta q = 0 \tag{1.25}$$

この 2 式を連立させて δp と δq を求め，

$$p_{j+1} = p_j + \delta p \tag{1.26}$$

$$q_{j+1} = q_j + \delta q \tag{1.27}$$

として，次々に新しい p, q を求め，δp と δq を次式のように許容誤差範囲まで小さく収束させると，$\alpha=\beta=0$ となる p, q の近似値が得られる．

$$|\delta p| < \varepsilon, \quad |\delta q| < \varepsilon \tag{1.28}$$

ところで，実際には $\partial\alpha/\partial p$, $\partial\alpha/\partial q$, $\partial\beta/\partial p$, $\partial\beta/\partial q$ は式 (1.20)，(1.21) から得られるので，これらを式 (1.24)，(1.25) に代入して計算すると，δp, δq は次のようになる．

$$\delta p = \frac{b_{n-1}c_{n-2} - b_n c_{n-3}}{e} \tag{1.29}$$

$$\delta q = \frac{b_n c_{n-2} - b_{n-1}(c_{n-1} - b_{n-1})}{e} \tag{1.30}$$

$$e = {c_{n-2}}^2 - c_{n-3}(c_{n-1} - b_{n-1}) \tag{1.31}$$

ただし，数列 c_k は $c_{-1} = c_{-2} = 0$ として，次の関係にある．

$$c_k = b_k - pc_{k-1} - qc_{k-2} \tag{1.32}$$

▶ 1.3.2 ベアストウ法によるプログラム

ベアストウ法の具体的なフローチャートとプログラムを次に示す（図 1.7，プログラム 1.3）．プログラム 1.3 は，方程式 $x^4 - 2x^3 + 2x^2 - 50x + 62 = 0$ の根を求めるものである．

まず初期値として，4 次方程式の次数 $n = 4$ を宣言する．また，方程式の係数列 $(1, -2, 2, -50, 62)$ を配列 a に与える．この次数と係数列を変更すれば，任意の多項式の根を解くことができる．

フローチャートからも明らかなように，次数 $n = 1$ なら 1 次式の，$n = 2$ なら 2 次式の求根を行い，$n = 0$ ならプログラムは終了する．3 次式以上 $(n \geq 3)$ の場合は，ベアストウ法によって 2 次の因数を抽出し，2 次式の求根を行うと同時に，得られた多項式の係数列を配列 a に取り込んで，プログラムの最初に戻っている．

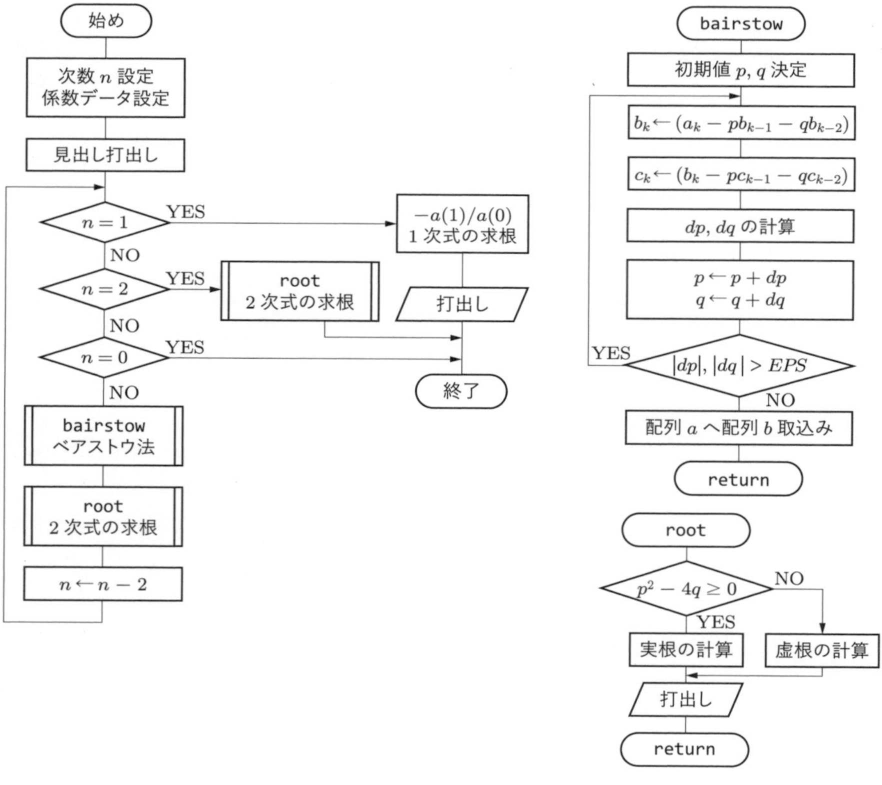

図 1.7 ベアストウ法フローチャート

2 次因数の係数 p, q の初期値によって，最初に出てくる 2 次の因数が決定する．よって，p, q の初期値を変えると，計算結果として出てくる根の順番が変わる．

プログラム 1.3

```
//   ベアストウ法

#include     <stdio.h>
#include     <math.h>

#define EPS 0.0001                                  // 許容誤差

void    bairstow( double *, double *, double[], int );
void    root( double, double );

int main( int argc, char **argv ) {
    int n = 4;                                      // 式次数宣言
    double  a[] = { 1, -2, 2, -50, 62 };            // 係数
    double  p, q;

                                                    // メインルーチン
    printf( "実数部¥t¥t虚数部¥n" );                 // 見出し打出し
    while( 1 ) {
        if( n==1 ) {                                // 1次式求根，打出し
            printf( "%8.5lf¥t¥t%8.5lf¥n", -a[1]/a[0], 0.0 );
            return 0;
        }
        if( n==2 ) {                                // 2次式求根
            root( a[1], a[2] );
            return 0;
        }
        if( n==0 )  return 0;
                                                    // 2次因数分解
        bairstow( &p, &q, a, n );
        root( p, q );
        n-=2;
    }
}

//   2次式の積に変換する
void bairstow( double *p, double *q, double a[], int n ) {
    double  b[n+1], c[n+1];
    double  dp, dq, e;

    *p = 1.0;                                       // 2次因数初期値
    *q = 1.0;                                       // 2次因数初期値

    do{
```

```
        b[0] = a[0];
        b[1] = a[1] - (*p) * b[0];
                                                    // 商の係数行列
        for( int k=2; k<=n; k++ )
            b[k] = a[k] - (*p) * b[k-1] - (*q) * b[k-2];
        c[0] = b[0];
        c[1] = b[1] - (*p) * c[0];
        for( int k=2; k<=n; k++ )
            c[k] = b[k] - (*p) * c[k-1] - (*q) * c[k-2];
        e = c[n-2] * c[n-2] - c[n-3] * ( c[n-1] - b[n-1] );
                                                    // 式(1.31)
        dp = ( b[n-1] * c[n-2] - b[n  ] * c[n-3] ) / e;
                                                    // 式(1.29)
        dq = ( b[n  ] * c[n-2] - b[n-1] * ( c[n-1] - b[n-1] ) ) / e;
                                                    // 式(1.30)
        *p += dp;                                   // 収束係数
        *q += dq;
    } while( ( fabs(dp) > EPS ) || ( fabs(dq) > EPS ) );
                                        // 剰余ゼロ判定 式(1.28)の否定

    for( int i=0; i<=n-2; i++ )
        a[i] = b[i];                    // 配列 a へ配列 b 取込み
}

// 2次式の求根
void    root( double p, double q ) {
    double  d, f;
    double  r1, r2, i1, i2;
    d = p * p - 4.0 * q;                            // 判別式
    if( d <= 0 ) {                                  // 実根の計算
        f  = sqrt( -d );
        r1 = -p / 2.0;
        r2 = -p / 2.0;
        i1 =  f / 2.0;
        i2 = -f / 2.0;
    } else {                                        // 虚根の計算
        f  = sqrt( d );
        r1 = ( -p + f ) / 2.0;
        r2 = ( -p - f ) / 2.0;
        i1 = 0.0;
        i2 = 0.0;
    }                                               // 打出し
    printf( "%8.5lf¥t%8.5lf¥n%8.5lf¥t%8.5lf¥n", r1, i1, r2, i2 );
}
```

実行結果 1.3

```
実数部        虚数部
-1.53927     3.22733
-1.53927    -3.22733
 3.80357     0.00000
 1.27495     0.00000
```

演習問題

1.1 $\tan x - 30x = 0$ の解の概略値を計算した後に，$-\pi/2 < x < \pi/2$ における最大の根を 2 分法を用いて解け.

1.2 $x \ln x = 1$ をニュートン法を用いて解け.

1.3 $x^4 + 6x^3 + 26x^2 + 46x + 65 = 0$ をベアストウ法を用いて解け.

2章 連立1次方程式

多元連立1次方程式は最も基礎的な代数方程式である．複雑な偏微分方程式で表された工学的応用問題も，最終的には多元連立1次方程式で表される．その基本的な数値解法として，方程式を直接解いていくガウス－ジョルダン法と，反復計算によって解に収束させるガウス－ザイデル法を例にして解説を行う．

2.1 ガウス－ジョルダン法

ガウス－ジョルダン法 (Gauss–Jordan elimination) は，多元連立1次方程式の数値解法として用いられている方法で，プログラムが簡単で精度もよい．その考え方は，方程式の各項を次々に消去していくことによって，結果的に解のみが残るようにしたものである．

▶ 2.1.1 ガウス－ジョルダン法について

連立1次方程式の例として，次の3元連立方程式を考えよう．

$$\left.\begin{aligned} 2x + \ \ y + 3z &= 13 \\ x + 3y + 2z &= 13 \\ 3x + 2y + \ \ z &= 10 \end{aligned}\right\} \tag{2.1}$$

これを解くには，まず，式 (2.1) の第1式を用いて，これ以外の式の第1項目，x をすべて消去する（掃き出す）ことを考える．この操作を行うためには，初めに，第1式の両辺を，第1項の x の係数2で除算して，$x + 0.5y + 1.5z = 6.5$ のように規格化することから始める．次に，新しく得られた第1式に第2式の x の係数を乗算して，さらに第2式から減算すると，x が消去された第2式が得られる．同様に，第3式も x を消去する．このとき，各式は次のようになる．

$$\left.\begin{aligned} x + 0.5y + 1.5z &= \ \ 6.5 \\ 2.5y + 0.5z &= \ \ 6.5 \\ 0.5y - 3.5z &= -9.5 \end{aligned}\right\} \tag{2.2}$$

次に第 2 式を，第 2 項の y の係数 2.5 で除算すると，$y+0.2z=2.6$ という新しい第 2 式が得られる．これまでと同様に，この式を用いてほかの式の第 2 項を消去していくと，次のようになる．

$$
\left.\begin{aligned}
x \qquad +1.4z &= 5.2 \\
y+0.2z &= 2.6 \\
-3.6z &= -10.8
\end{aligned}\right\} \tag{2.3}
$$

最後に第 3 式を，第 3 項の z の係数 -3.6 で除算すると，$z=3$ という新しい第 3 式が得られる．これまでと同様に，この式でほかの式の第 3 項を消去する．

$$
\left.\begin{aligned}
x \qquad &= 1 \\
y \quad &= 2 \\
z &= 3
\end{aligned}\right\} \tag{2.4}
$$

このように，連立方程式の第 1 式を用いてほかの方程式の x を消去し，第 2 式を用いて y を消去し，という操作を最終式まで行うと，必ず方程式の解だけが残る．

この操作を振り返ってみると，第 1 式は第 1 項，x の係数で両辺を除算し，第 n 式は第 n 項の係数で除算している．このような，連立方程式における第 i 式の第 i 項の係数を**ピボット** (pivot) とよび，計算精度に重要な役割を果たしている数である．計算の途中でピボットが 0 の箇所があると，解を求めることができない．また，ピボットがほかの係数に比べてあまりに小さくなると，除算によってほかの係数が極端に大きくなり，数値計算の誤差が増大する．

これまでは 3 元 1 次方程式を扱ったが，一般の n 元 1 次方程式の解法もまったく同様である．この手続きを図 2.1 に示す．図中で，たとえば $a_{23}{}^{(2)}$ とあるのは，上付き文字 (2) の意味は消去の操作を 2 回繰り返したという意味で，そのときに得られる 2 行目の方程式の 3 項目の係数という意味を下付き文字 23 で表している．

例題 2.1　ピボットが小さくなりすぎた場合には，どうすればよいか．

解　ピボットは，係数行列（係数を並べてできる行列）の対角要素に依存するので，方程式の順序を入れ換えるとピボットが変わり，よい結果が得られることが多い．

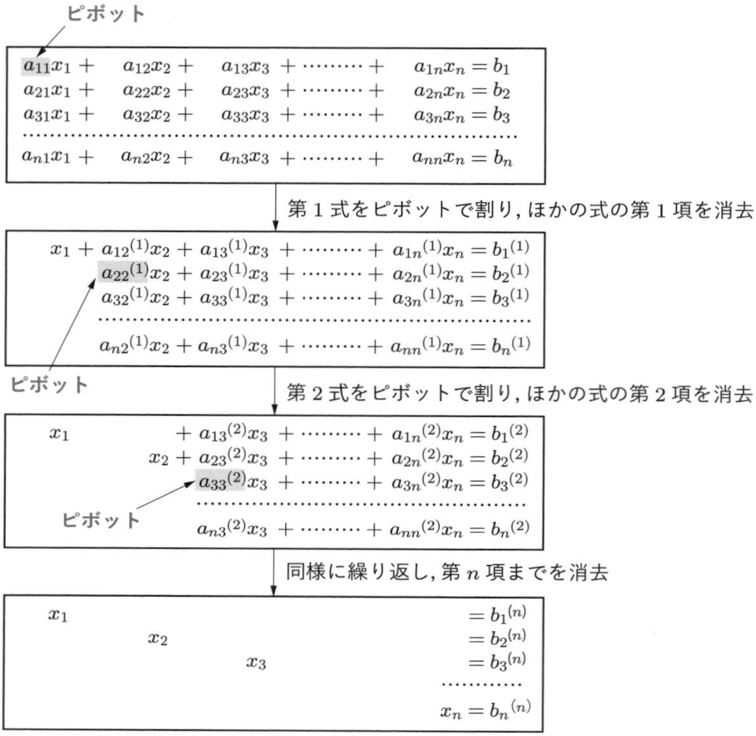
ピボット
第 1 式をピボットで割り，ほかの式の第 1 項を消去
ピボット
第 2 式をピボットで割り，ほかの式の第 2 項を消去
ピボット
同様に繰り返し，第 n 項までを消去

図 2.1　ガウス－ジョルダン法による連立 1 次方程式の解法手順

▶ 2.1.2　ガウス－ジョルダン法によるプログラム

ガウス－ジョルダン法を用いた具体的なプログラムとフローチャートを次に示す（プログラム 2.1，図 2.2）．このプログラムを用いれば，n 元連立 1 次方程式を解くことができる．ここでは，データとして式 (2.1) で用いた 3 元連立 1 次方程式の係数を与えているので，このプログラムを走らせると，式 (2.1) の解を求めることができる．

プログラム 2.1

```
//　ガウス－ジョルダン法

#include    <stdio.h>
#include    <math.h>

#define N   3                                   //　次元設定
#define EPS 0.001                               //　許容誤差
```

```
int main( int argc, char ** argv ) {
    double  a[N][N+1] = {
        { 2, 1, 3, 13 },
        { 1, 3, 2, 13 },
        { 3, 2, 1, 10 }
    };                                          // 係数データ
    double  pivot, delta;                       // pivot, delta

                                                // 計算部
    for( int i=0; i<N; i++ ) {
        pivot = a[i][i];
        if( fabs( pivot ) < EPS ) {             // 誤差判定
            printf( "ピボットが許容誤差以下¥n" );    // エラー打出し
            return 1;
        }
        for( int j=i; j<N+1; j++ )
            a[i][j] /= pivot;                   // pivot = 1

                                                // 掃き出し操作
        for( int k=0; k<N; k++ ) {
            if( k != i ) {
                delta = a[k][i];
                for( int j=i; j<N+1; j++ )
                    a[k][j] -= delta * a[i][j];
            }
        }
    }
    for( int l=0; l<N; l++ )
        printf( "X%d = %6.2lf¥n", l, a[l][N] );      // 解打出し
    return 0;
}
```

実行結果 2.1

```
X0 =   1.00
X1 =   2.00
X2 =   3.00
```

プログラムの流れは，図 2.2 に示すように，まず方程式の次元 N と許容誤差 EPS を与え，次に配列 a に係数データを与える．

計算部では，まず，i 行の方程式のピボット $pivot = a_{ij}$ で方程式の両辺を割り，規格化する．次に，掃き出し操作の部分で，i 行以外のすべての方程式から i 列の係数が 0 となるように，k 番目の方程式から i 番目の方程式に a_{ij} を乗算したものを減算している．よって，k は 0 から $N-1$ までになり，$k = i$ の場合は除いてい

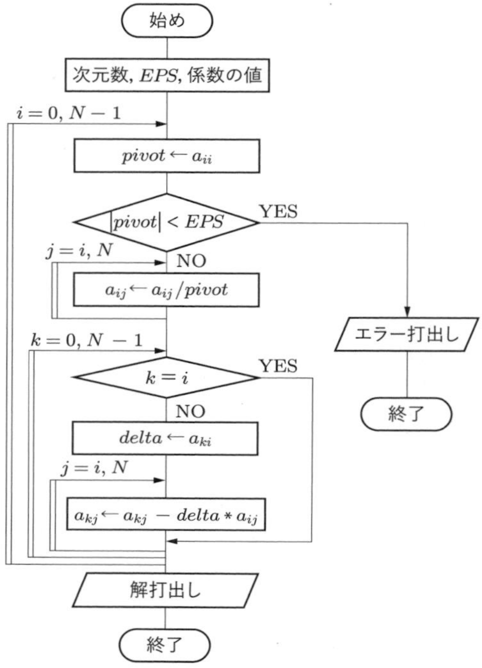

図 2.2 ガウス－ジョルダン法のフローチャート

る．この際，ピボットが EPS より小さくなると誤差が増加するので，その場合にはその旨の表示を行って計算を止める．

これらの演算をすべての行の方程式 (i が 0 から $N-1$ まで) について行えば，式 (2.4) で明らかなように，配列 a の定数項 a_{iN} に x_i の解が計算される．よって，打出し部でこれらの解答を打ち出している．

2.2 ガウス－ザイデル法

ガウス－ザイデル法 (Gauss–Seidel method) は論理が簡単で，しかも，プログラムがとても簡単な方法である．まず，方程式のすべての根に対して初期値を適当に与え，各方程式から 1 変数ずつ近似解を計算して解を修正していく．この作業を繰り返すことによって，結果的に初めに仮定した近似解を厳密解に収束させていく方法である．

▶ 2.2.1 ガウス－ザイデル法について

まず，図 2.3 にガウス－ザイデル法の原理を示す．この論理を理解するために，次の 3 元連立 1 次方程式をこの方法を用いて解いてみよう．

$$\left.\begin{aligned} 5x + y + z &= 10 \\ x + 4y + z &= 12 \\ 2x + y + 3z &= 13 \end{aligned}\right\} \tag{2.5}$$

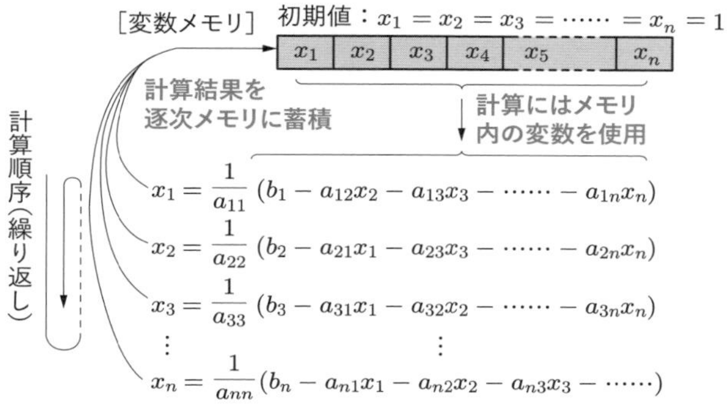

図 2.3 ガウス－ザイデル法による連立 1 次方程式の解法

まず，式 (2.5) の 3 つの式を，おのおの未知数 x，y，z を計算する次の 3 つの方程式に変形する．

$$\left.\begin{aligned} x &= (10 - y - z)/5 \\ y &= (12 - x - z)/4 \\ z &= (13 - 2x - y)/3 \end{aligned}\right\} \tag{2.6}$$

次に，解の初期値として x, y, z に適当な数を与える．ここでは，x, y, z として，最初はすべて 1 を与えてみよう．さて，x, y, z がすべてわかっているのだから，第 1 式を用いて新しい x の値が，$x = (10 - 1 - 1)/5 = 1.6$ と求められる．この値を用いて，第 2 式から y の新しい値，$y = (12 - 1.6 - 1)/4 = 2.35$ を求め，さらに第 3 式から $z = (13 - 2 \cdot 1.6 - 2.35)/3 = 2.483$ を求める．このように計算が一巡したら，また第 1 式に戻って，求めた x, y, z を初期値として新しい x, y, z を求めていくと，x, y, z は一巡ごとに表 2.1 のように変化していく．

式 (2.5) の解は $x = 1$, $y = 2$, $z = 3$ なので，この連立方程式では，繰り返し計算を 5 回程度行うと有効数字 3 桁の範囲で近似解が得られている．しかし，この方法を用いてすべての連立方程式が解けるわけではない．一般には，このような繰り

表 2.1 ガウス－ザイデル法による解の収束の様子

計算結果	x	y	z
1巡目	1.600	2.350	2.483
2巡目	1.033	2.121	2.938
3巡目	0.988	2.019	3.002
4巡目	0.996	2.001	3.002
5巡目	0.999	1.999	3.001

返し操作によって，解は発散してしまう．この方法によって解が収束するための**十分条件**は，係数行列 a_{ij} の各行で，対角要素 a_{ii} と非対角要素との間に次のような関係が成り立つ場合である．

$$|a_{ii}| > \left| \sum_{i \neq j} a_{ij} \right| \tag{2.7}$$

もちろんこれは必要条件ではないのだから，この式を満足しない場合でも解が求められることも多い．上記の例で用いた方程式 (2.5) では，

$$\left.\begin{array}{ll} 5 > 2 & \text{（成立）} \\ 4 > 2 & \text{（成立）} \\ 3 > 3 & \text{（不成立）} \end{array}\right\} \tag{2.8}$$

となって上式を満足しないが，実際にガウス－ザイデル法を用いて計算すると解が求められる．機械工学の応力分析など，多くの科学技術計算では，連立方程式の係数行列の対角要素が大きくなることが多く，式 (2.7) が成り立つ．そして，ガウス－ジョルダン法に比べて計算手順が簡単であり，演算時間が短くなるので，この方法も工学的には利用価値が大きい．

例題 2.2　収束を最も効率よく行うためには，どのようにすればよいか．

解　式 (2.7) が成り立たない場合，解が発散することがある．また，収束する場合でも，式の順序により収束の度合いが変わってくる．よって，係数行列の対角要素がほかの要素に比べて最大になるように方程式を入れ換えると，効率がよくなる．

▶ 2.2.2 ガウス－ザイデル法によるプログラム

ガウス－ザイデル法を用いた具体的なフローチャートとプログラムを，次に示す（図 2.4，プログラム 2.2）．このプログラムで，n 元の連立方程式を解くことができる．ここでは，データとして式 (2.5) で用いた 3 元連立方程式の係数を与えた．

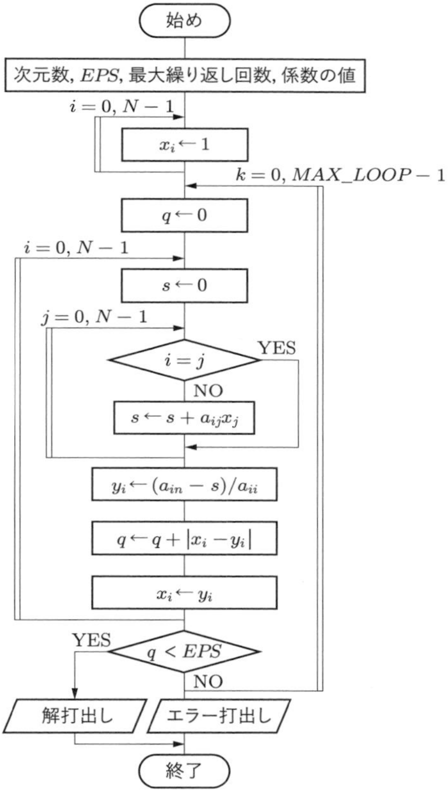

図 2.4　ガウス－ザイデル法のフローチャート

プログラムの流れは図 2.4 に示すように，まず，方程式の次元 N と許容誤差 EPS，最大繰り返し回数 MAX_LOOP を与え，次に配列 a に係数データを与える．

収束計算部では，まず，解の配列 x のすべてに初期値 1 を与える．次に i 行に注目して，配列 x を用いて i 項以外の項のすべてを加算し，これを i 行の方程式の係数項から差し引く．これを i 項の係数で割ると x_i の近似値が求められるので，これを配列 $x[i]$ に代入する．

以上の手続きを繰り返していけば，収束する場合には解が求められる．その判別条件として，収束の計算が一巡する前の近似解 y と後の値 x との差を計算し，その絶対値の総和が誤差 EPS 未満になった場合に解の値を打ち出している．この繰り返し演算を MAX_LOOP 回行って上の条件を満たさない場合には，この方法では収束しないとして，そのコメントを打ち出してプログラムを終了する．なお，プロ

グラムでは MAX_LOOP を 30 としているが，30 回で収束しない場合には，この値を大きくすると収束する場合がある．

プログラム 2.2

```
//  ガウス－ザイデル法

#include    <stdio.h>
#include    <math.h>

#define N   3                               // 次元設定
#define EPS 0.0001                          // 許容誤差
#define MAX_LOOP    30                      // 最大繰り返し回数

int main( int argc, char **argv ) {
    double  a[N][N+1] = {
        { 5, 1, 1, 10 },
        { 1, 4, 1, 12 },
        { 2, 1, 3, 13 }
    };                                      // 係数データ
    double  x[N], y[N], s, q;

                                            // 収束計算部
    for( int i=0; i<N; i++ )
        x[i] = 1.0;                         // 解の初期値

    for( int k=0; k<MAX_LOOP; k++ ) {
        q = 0.0;
        for( int i=0; i<N; i++ ) {  // 逐次計算
            s = 0.0;
            for( int j=0; j<N; j++ )
                if( i != j )
                    s += a[i][j] * x[j];
            y[i] = ( a[i][N] - s ) / a[i][i];
            q += fabs( x[i] - y[i] );
            x[i] = y[i];                // 誤差集積
        }
        if( q < EPS ) {                 // 誤差判定
            for( int i=0; i<N; i++ )
                printf( "x%d = %9.6lf¥n", i, x[i] );    // 解打出し
            return 0;
        }
    }
    printf( "収束せず¥n" );                 // エラー打出し
    return 1;
}
```

実行結果 2.2

```
x0 =  1.000005
x1 =  2.000000
x2 =  2.999997
```

演習問題

2.1 次の連立方程式を，ガウス－ジョルダン法とガウス－ザイデル法を用いて解け．なお，ガウス－ザイデル法では，必要に応じて最大繰り返し回数を大きくしてよい．

$$\left.\begin{aligned} 3x + y + z &= 10 \\ x + 5y + 2z &= 21 \\ x + 2y + 5z &= 30 \end{aligned}\right\}$$

2.2 次の連立方程式を，ガウス－ジョルダン法とガウス－ザイデル法を用いて解け．なお，ガウス－ザイデル法では，必要に応じて最大繰り返し回数を大きくしてよい．

$$\left.\begin{aligned} -2x_1 + x_2 &= 1 \\ x_1 - 2x_2 + x_3 &= 2 \\ x_2 - 2x_3 + x_4 &= 3 \\ x_3 - 2x_4 + x_5 &= 4 \\ x_4 - 2x_5 &= 5 \end{aligned}\right\}$$

2.3 次の連立方程式の根は $x = 1$, $y = 1$ である．

$$\left.\begin{aligned} x + 10y &= 11 \\ 10x + 101y &= 111 \end{aligned}\right\}$$

ところで，その係数を 1% 変えた次の方程式の根は，$x = -100$, $y = 11$ と大きく異なってしまう．何が起こったかをグラフを用いて検討せよ．

$$\left.\begin{aligned} 0.99x + 10y &= 11 \\ 10x + 101y &= 111 \end{aligned}\right\}$$

3章 関数補間と近似式

自然現象をコンピュータに記録する場合，連続信号は離散的なデータに変換されてしまうので，その間の値が必要になった場合にはなんらかの類推法が必要になる．また，工学的な実験を行って，このデータから近似関係式を得ようとすると，最も確からしい曲線を求める手段が必要になる．ここでは，関数補間の例としてラグランジュの補間法を，また，近似式の解法の例として最小2乗法をそれぞれ概説する．

3.1 ラグランジュの補間法

離散的なデータが得られている場合，これらの点のすべてを通過する多項式を求めて，この式を用いてデータ間の値を近似しようという考えを**関数補間**とよぶ．**ラグランジュの補間法** (Lagrange polynomial) は，その多項式を簡単に計算できる方法である．

▶ 3.1.1 ラグランジュの補間法について

1次式は，その直線が通る2点がわかると，その係数を計算することができる．同様に，n 次多項式の係数は $(n+1)$ 個の点によって決定される．よって，与えられた点が2点の場合に得られる補間関数は1次式になり，一般に，n 個のデータが与えられた場合には $(n-1)$ 次式になる．

具体的な例として，図3.1に示すように3点の座標 (x_0, y_0), (x_1, y_1), (x_2, y_2) がわかっているものとして，この点を通る次のような2次式を考えよう．

$$y = \alpha x^2 + \beta x + \gamma \quad (\alpha \neq 0) \tag{3.1}$$

すると，3点はそれぞれこの2次式を満足するはずだから，それらの値を代入した次の方程式が成り立つはずである．

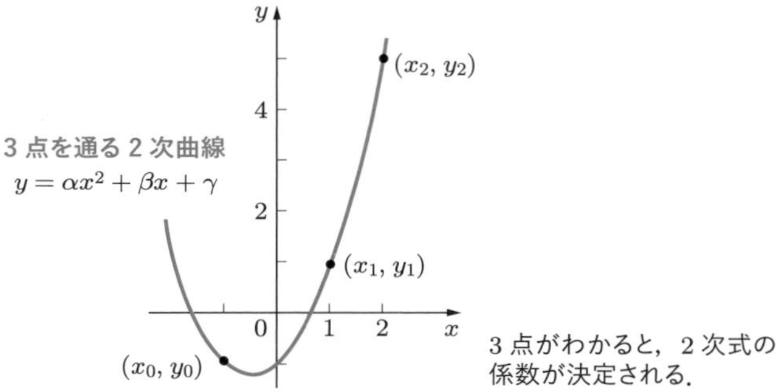

図 3.1　3 点を通る 2 次曲線

$$\left.\begin{aligned} y_0 &= {x_0}^2\alpha + x_0\beta + \gamma \\ y_1 &= {x_1}^2\alpha + x_1\beta + \gamma \\ y_2 &= {x_2}^2\alpha + x_2\beta + \gamma \end{aligned}\right\} \tag{3.2}$$

この連立方程式を，前章で述べた多元連立 1 次方程式の数値解法を用いて解けば，2 次方程式の係数 α, β, γ を求めることができる．よって，この係数がわかった 2 次方程式を用いて，3 点以外の x と y の関係を類推することができる．

たとえば，3 点の座標が $(-1,-1)$, $(1,1)$, $(2,5)$ であったとすると，式 (3.2) は

$$\left.\begin{aligned} -1 &= \alpha - \beta + \gamma \\ 1 &= \alpha + \beta + \gamma \\ 5 &= 4\alpha + 2\beta + \gamma \end{aligned}\right\} \tag{3.3}$$

となり，この式からただちに $\alpha = 1$, $\beta = 1$, $\gamma = -1$ が求められるので，2 次式 (3.1) は次のようになる．

$$y = x^2 + x - 1 \tag{3.4}$$

しかし，点の数が n 個に増えれば，これらをすべて通る曲線は x の $(n-1)$ 次の多項式になり，その係数群を式 (3.2) のような連立方程式を用いて求めるのは，計算に時間がかかり合理的でない．よって，直接的に係数群を計算する方法として，次のようなラグランジュの補間法がある．

いま，求める 2 次方程式として次の方程式を考えてみよう．

$$y = \alpha z_0 + \beta z_1 + \gamma z_2 \tag{3.5}$$

ただし，

$$\left.\begin{aligned} z_0 &= \frac{\quad\quad\quad\quad (x-x_1)\ (x-x_2)}{\quad\quad\quad\quad (x_0-x_1)(x_0-x_2)} \\ z_1 &= \frac{(x-x_0)\quad\quad\quad\quad (x-x_2)}{(x_1-x_0)\quad\quad\quad\quad (x_1-x_2)} \\ z_2 &= \frac{(x-x_0)\ (x-x_1)\quad\quad\quad\quad}{(x_2-x_0)(x_2-x_1)\quad\quad\quad\quad} \end{aligned}\right\} \tag{3.6}$$

である．上式 (3.6) は次のような巡回式

$$\frac{(x-x_0)(x-x_1)(x-x_2)}{(x_k-x_0)(x_k-x_1)(x_k-x_2)}$$

から，それぞれの添え字に対応する項を削除した形になっており，その削除した場所は空白で表している．

この式で計算される z_0, z_1, z_2 は，それぞれ x の 2 次式になっているので，これらを加算した式 y も当然のこととして 2 次式になる．さて，上式は 3 点 (x_0, y_0), (x_1, y_1), (x_2, y_2) を通るのだから，これらの座標を代入すれば式が成り立つはずである．

まず，第 1 の点 (x_0, y_0) を式 (3.6) に代入すると，z_1 と z_2 は，右辺の分子に $(x-x_0)$ という項があるので 0 になる．また，z_0 は分子と分母が消去されて 1 になる．よって，式 (3.5) は $\alpha = y_0$ となって，係数 α がただちに求められる．同様にして，ほかの 2 点 (x_1, y_1), (x_2, y_2) から $\beta = y_1$, $\gamma = y_2$ が得られる．よって，求める 2 次式は次のようになる．

$$y = y_0z_0 + y_1z_1 + y_2z_2 \tag{3.7}$$

この方法を用いて先の例，3 点の座標が $(-1, -1)$, $(1, 1)$, $(2, 5)$ である場合の方程式を求めてみると，式 (3.5)，(3.6) からただちに次の方程式が得られる．

$$y = -z_0 + z_1 + 5z_2 \tag{3.8}$$

$$\left.\begin{aligned} z_0 &= \frac{(x-1)(x-2)}{(-2)\cdot(-3)} \\ z_1 &= \frac{(x+1)(x-2)}{2\cdot(-1)} \\ z_2 &= \frac{(x+1)(x-1)}{3\cdot 1} \end{aligned}\right\} \tag{3.9}$$

式 (3.9) を式 (3.8) に代入すると次のようになる．

$$y = -\frac{(x-1)(x-2)}{6} - \frac{(x+1)(x-2)}{2} + \frac{5(x+1)(x-1)}{3}$$
$$= x^2 + x - 1 \tag{3.10}$$

この結果は式 (3.4) と一致する．すなわち，どのような方法を用いても，得られる x の多項式の最終の形は変わらない．ただ，ラグランジュの補間法によれば，数値計算をする場合に，式 (3.2) のように係数値を求めるための連立方程式を解く必要がなく，各係数がただちに求められるので，手間が省ける利点がある．

さて，一般に，$(n+1)$ 個の点 $(x_0, y_0), (x_1, y_1), (x_2, y_2), \ldots, (x_n, y_n)$ がわかっている場合には，これらの点すべてを通過する x の多項式は，ラグランジュの補間法では次のように表されることがわかるだろう．

$$y = y_0 z_0 + y_1 z_1 + y_2 z_2 + \cdots + y_n z_n \tag{3.11}$$

ただし，

$$\left.\begin{aligned}
z_0 &= \frac{(x-x_1)\ (x-x_2)\ \cdots\ (x-x_n)}{(x_0-x_1)(x_0-x_2)\cdots(x_0-x_n)} \\
z_1 &= \frac{(x-x_0)\ (x-x_2)\ \cdots\ (x-x_n)}{(x_1-x_0)(x_1-x_2)\cdots(x_1-x_n)} \\
z_2 &= \frac{(x-x_0)\ (x-x_1)\ \cdots\ (x-x_n)}{(x_2-x_0)(x_2-x_1)\cdots(x_2-x_n)} \\
&\ \ \vdots \\
z_n &= \frac{(x-x_0)\ (x-x_1)\ (x-x_2)\ \cdots}{(x_n-x_0)(x_n-x_1)(x_n-x_2)\cdots}
\end{aligned}\right\} \tag{3.12}$$

である．式 (3.11) を総和記号でまとめて表記すると，次のようになる．

$$y = \sum_{k=0}^{n} y_k z_k \tag{3.13}$$

ここで，z_k は総乗記号 $\prod$ を用いると，次のようになる．

$$z_k = \prod_{\substack{i=0 \\ (i \neq k)}}^{n} \frac{x - x_i}{x_k - x_i} \tag{3.14}$$

よって，まずこれらの手順をプログラムして，式 (3.13)，(3.14) に与えられた点 (x_k, y_k) を代入しておけば，それ以外の点 x に対応する y の値がただちに求められる．

この関数補間は，数表のデータ間の値を求めるときのように，与えられたデータが正確で確実性のある場合には有効であるが，１つでもデータを間違っていると，曲線の形が大きく異なってしまう場合がある．よって，補間される値も大きく異なってしまう．

図 3.2 のデータは，実線が $(0,0)$, $(1.0,1.1)$, $(2.0,2.5)$, $(3.0,4.0)$, $(3.1,4.1)$, $(5,5)$ に対する補間曲線であり，破線は $(3.1,4.1)$ を $(3.1,3.9)$ に変えただけであるが，その補間曲線は大きく変化している様子がわかる．その理由は，これらの点群を正確に通過する曲線を無理に作っているためである．

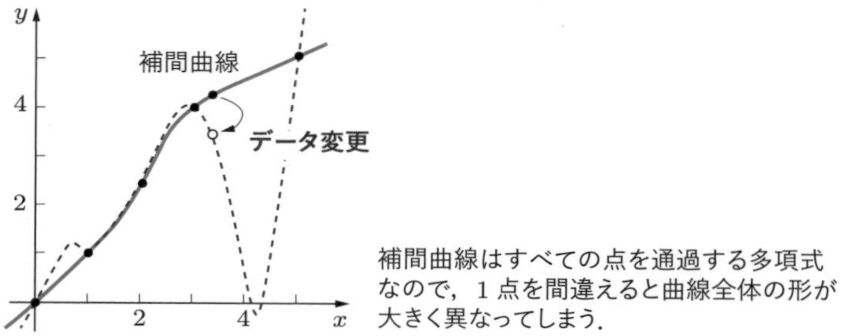
y
4
2
2
4
x
補間曲線
データ変更
補間曲線はすべての点を通過する多項式なので，１点を間違えると曲線全体の形が大きく異なってしまう．

図 3.2　関数補間の注意点

したがって，誤差を含むデータ，たとえば実験値の集合からそれらの間の値を推論しようとする場合には，この補間法は適さない．このような場合には，次節の最小２乗法で近似曲線を求める．

例題 3.1　補間に次のような多項式を用いる方法を，**ニュートンの補間法**とよぶ．この係数計算のアルゴリズムを考えよ．

$$
\begin{aligned}
y = a_0 + a_1(x-x_0) + a_2(x-x_0)(x-x_1) + \cdots \\
+ a_n(x-x_0)(x-x_1)\cdots(x-x_{n-1})
\end{aligned}
$$

解　与えられた式に (x_0, y_0) を代入すると，a_0 以外のすべての項に $(x-x_0)$ があるので，$a_0 = y_0$ が得られる．同様にして (x_1, y_1), ..., (x_{n-1}, y_{n-1}) を代入すると，次のようになる．

$$
\begin{aligned}
y_0 &= a_0 \\
y_1 &= a_0 + a_1(x_1 - x_0) \\
y_2 &= a_0 + a_1(x_2 - x_0) + a_2(x_2 - x_0)(x_2 - x_1)
\end{aligned}
$$

$$\vdots$$

$$
\begin{aligned}
y_n = a_0 &+ a_1(x_n - x_0) + a_2(x_n - x_0)(x_n - x_1) + \cdots \\
&+ a_n(x_n - x_0)(x_n - x_1)\cdots(x_n - x_{n-1})
\end{aligned}
$$

よって，第 1 式で得られる係数 a_0 を第 2 式に代入し a_1 を求め，さらにこの a_0, a_1 を第 3 式に代入して a_2 を求めるという操作を繰り返せば，すべての係数群が得られる．このような代入法を**前進代入**とよぶ．

式 (3.11) から明らかなように，ラグランジュの補間法では新しい補間点が増加すると，そのつど式 (3.12) による再計算が必要である．しかし，ニュートンの補間法では，補間点の増加は単に上の最終式が 1 つ増加するだけになる．

▶ 3.1.2 ラグランジュの補間法のプログラム

ラグランジュの補間法による関数補間のフローチャートとプログラム例を次に示す（図 3.3，プログラム 3.1）．ここでは，図 3.2 に示した例に沿って，変数 $x = 0.0, 1.0, 2.0, 3.0, 3.1, 5.0$ という 6 つの値に対して，それぞれ y の値が $y = 0.0, 1.1, 2.5, 4.0, 4.1, 5.0$ であったとき，これらのデータの間の値を補間するプログラムを扱っている．

まず，配列 x と y にデータを与え，見出しを打ち出す．

次に，ラグランジュの補間関数 `lagrange` に計算を移して補間計算をさせ，その後に結果を打ち出している．関数 `lagrange` 内部では，$z_i = (xx - x_i)/(x_i - x_i)$ という項の除算エラーを防ぐために，`if` 文を用いて選択的に z_i の計算を行っている．

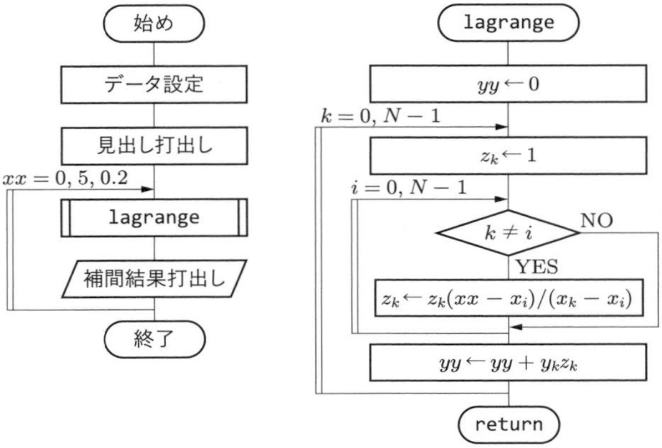

図 3.3 ラグランジュの補間法のフローチャート

プログラム 3.1

```
// ラグランジュの補間法

#include    <stdio.h>
#include    <math.h>

#define N   6                                              // データ数

double  x[N] = { 0.0, 1.0, 2.0, 3.0, 3.1, 5.0 };     // X 座標
double  y[N] = { 0.0, 1.1, 2.5, 4.0, 4.1, 5.0 };     // Y 座標

double  lagrange( double );

int main( int argc, char **argv ) {
    double  xx, yy;

                                                           // 補間計算
    printf( "XX¥t¥tYY¥n" );                                // 見出し打出し
    for( xx=0.0; xx<=5.0; xx+=.2 ) {
        yy = lagrange( xx );
        printf(" %8.2lf¥t%8.2lf¥n", xx, yy );              // 補間結果打出し
    }
    return 0;
}

                                                           // 補間
double  lagrange( double xx ) {
    double  z[N];
    double  yy = 0.0;

    for( int k=0; k<N; k++ ) {
        z[k] = 1.0;
                                                           // 係数計算
        for( int i=0; i<N; i++ )
                                                           // 式(3.14)
            if( i != k )
                z[k] *= ( xx - x[i] ) / ( x[k] - x[i] );
                                                           // 補間値計算
        yy += y[k] * z[k];                                 // 式(3.13)
    }
    return yy;
}
```

実行結果 3.1

XX	YY	XX	YY
0.00	0.00	2.60	3.48
0.20	0.31	2.80	3.76
0.40	0.53	3.00	4.00
0.60	0.72	3.20	4.19
0.80	0.91	3.40	4.32
1.00	1.10	3.60	4.39
1.20	1.32	3.80	4.42
1.40	1.57	4.00	4.41
1.60	1.86	4.20	4.40
1.80	2.17	4.40	4.40
2.00	2.50	4.60	4.46
2.20	2.84	4.80	4.64
2.40	3.17		

3.2 最小 2 乗法

前述のように，関数補間では，実験値のような誤差を含むデータを用いてそれらの間の値を推論することはできない．ここでは，データ集合から最も確からしい関係を推論する方法として，**最小 2 乗法**について記述する．

▶ 3.2.1 最小 2 乗法について

図 3.4 に示すように，データ群から最も近く，しかもなめらかな曲線を多項式で表すことを考えよう．このような曲線を**回帰曲線**とよぶ．

さて，まず簡単のために，図 3.5 に示すようにデータ群として $(2,2)$，$(3,4)$，$(5,6)$ の 3 点が得られたとして，この 3 点を近似する最も確からしい直線を求めてみよう．まず，求める直線を

$$y = a_0 + a_1 x \tag{3.15}$$

とすると，3 点からこの直線までの y 座標の差 Δy_0，Δy_1，Δy_2 は，それぞれ $2-(a_0+2a_1)$，$4-(a_0+3a_1)$，$6-(a_0+5a_1)$ となるので，これらが最小になる係数 a_0 と a_1 を求めればよい．しかし，これらの値は正負の符号が付くので，その 2 乗和 S が最小になるように考えると，数学的に取り扱いやすくなる．

$$S = (a_0+2a_1-2)^2 + (a_0+3a_1-4)^2 + (a_0+5a_1-6)^2 \tag{3.16}$$

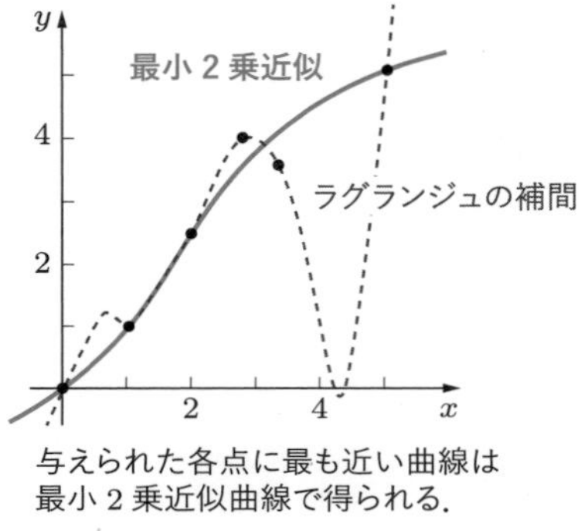

図 3.4 回帰曲線

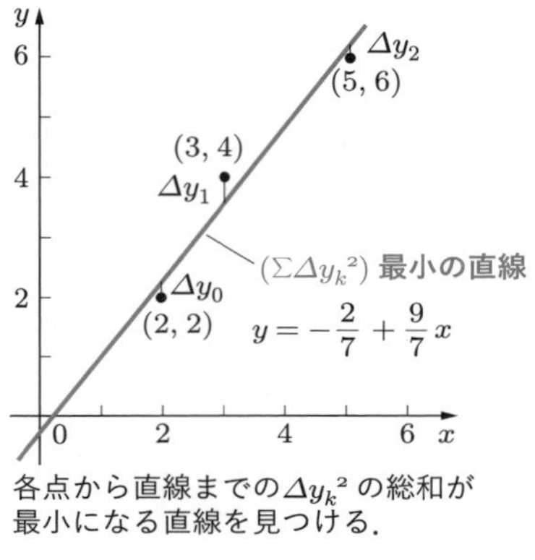

図 3.5 最小 2 乗近似直線

この 2 乗和を最小にする条件は，S を a_0 と a_1 で偏微分したものが 0 であればよい．

$$\left.\begin{aligned}\frac{\partial S}{\partial a_0} &= (a_0+2a_1-2)+(a_0+3a_1-4)+(a_0+5a_1-6)=0\\ \frac{\partial S}{\partial a_1} &= 2(a_0+2a_1-2)+3(a_0+3a_1-4)+5(a_0+5a_1-6)=0\end{aligned}\right\} \tag{3.17}$$

この式 (3.17) を整理すると，

$$\left.\begin{aligned}(1+1+1)a_0 \quad +(2+3+5)a_1 &= (2+4+6)\\ (2+3+5)a_0+(2^2+3^2+5^2)a_1 &= (2\cdot 2+3\cdot 4+5\cdot 6)\end{aligned}\right\}$$

が得られるので，これらを連立させて解を求めると，$a_0 = -2/7$, $a_1 = 9/7$ が得られる．よって，データ群から最も近く，確からしい直線は次のようになる．

$$y = -\frac{2}{7} + \frac{9}{7}x \tag{3.18}$$

いままでは，データ集合を直線（一次式）で近似する場合を扱ったが，より一般の場合として，近似曲線を多項式で表すことを考えてみよう．

まず，図 3.6 で示すように，データ集合 (x_k, y_k), $k = 0, 1, \ldots, n$ において，x を**独立変数**，y を x の**従属変数**とする．そして，x_k における多項式の値とデータ y_k との差を Δy_k とする．

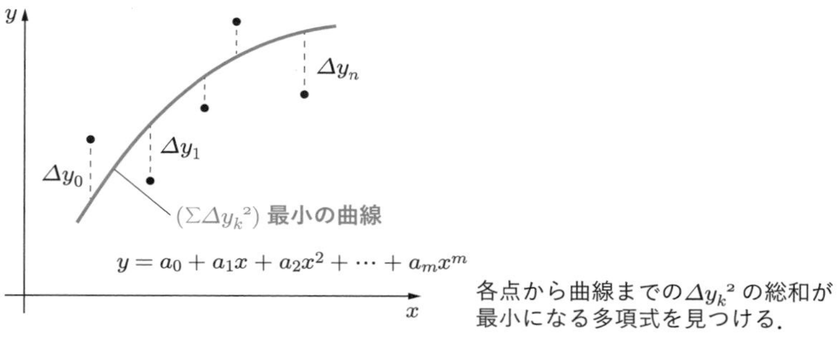

図 3.6 最小 2 乗近似曲線

この Δy_k として，k が 0 から n まで $(n+1)$ 個が得られるが，これらの 2 乗の総和が最小になるように多項式の係数 $a_0, a_1, \ldots, a_m$ を決定すればよい．このような方法で近似曲線を得る方法を，最小 2 乗法とよんでいる．

いま，$(n+1)$ 個のデータ集合を $(x_0, y_0), (x_1, y_1), (x_2, y_2), \ldots, (x_n, y_n)$ とし，これらの点から得られる最も確からしい曲線，すなわち回帰曲線の方程式を次の m 次の多項式で表してみよう．

$$y = a_0 + a_1x^1 + a_2x^2 + \cdots + a_mx^m \tag{3.19}$$

Δy_k は，データの y の値 y_k と上の多項式に x_k を代入した値の差になるので，

$$\Delta y_k = y_k - (a_0 + a_1{x_k}^1 + a_2{x_k}^2 + \cdots + a_m{x_k}^m) \tag{3.20}$$

が得られる．よって，$k = 0, 1, 2, \ldots, n$ について，これらの 2 乗の総和 S を求めると次のようになる．

$$S = \sum(\Delta y_k)^2 = \sum_{k=0}^{n}\{y_k - (a_0 + a_1{x_k}^1 + a_2{x_k}^2 + \cdots + a_m{x_k}^m)\}^2 \tag{3.21}$$

最小 2 乗法では，この式 S を最小にすればよいから，S を多項式の係数群，a_i $(i = 0, 1, 2, \ldots, m)$ でおのおの偏微分して 0 とすればよい．たとえば，a_2 で偏微分して 0 とおくと，次の方程式が得られる．

$$2\sum_{k=0}^{n}\{y_k - (a_0 + a_1{x_k}^1 + a_2{x_k}^2 + \cdots + a_m{x_k}^m)\}{x_k}^2 = 0 \tag{3.22}$$

同様に，すべての係数で偏微分して 0 とおけば，次の**正規方程式**が得られる．

$$\left.\begin{array}{l}a_0(n+1)+a_1\sum x_k+a_2\sum {x_k}^2+\cdots+a_m\sum {x_k}^m=\sum y_k\\a_0\sum x_k+a_1\sum {x_k}^2+a_2\sum {x_k}^3+\cdots+a_m\sum {x_k}^{m+1}=\sum x_k y_k\\\vdots\\a_0\sum {x_k}^m+a_1\sum {x_k}^{m+1}+a_2\sum {x_k}^{m+2}+\cdots+a_m\sum {x_k}^{2m}=\sum {x_k}^m y_k\end{array}\right\}\tag{3.23}$$

この方程式は，a_i $(i=0,1,2,\ldots,m)$ についての多元連立 1 次方程式になっているので，ガウス－ジョルダン法などで解けば，回帰曲線の係数 a_i はただちに求めることができる．

回帰曲線の次数 m はデータ数より小さければよく，データ数より 1 だけ小さい場合の回帰曲線は 3.1 節で述べた補間曲線と一致する．しかし，一般にはデータには誤差が含まれているので，その近似曲線として厳密に高次多項式で表すことは意味がなく，特別な場合を除き，1 次や 2 次程度の回帰を行うのが一般的である．

▶ 3.2.2 最小 2 乗法のプログラム

最小 2 乗法による曲線回帰のプログラム例を，図 3.7，プログラム 3.2 に示す．ここでは，変数 $x=0.0, 1.0, 2.0, 3.0, 3.1, 5.0$ という 6 つの値に対して，それぞれ y の値が $y=0.0, 1.1, 2.5, 4.0, 4.1, 5.0$ というデータ群を用いて，2 次の回帰曲線の係数を得るプログラム例を掲げた．データ数やデータ，回帰曲線の次数を変えることによって，任意のデータに対する回帰曲線を得ることができる．

まず，データ数 N と，回帰曲線の次数 M を指定する．次に，x 座標と y 座標を代入する．

続いて，式 (3.19) に従う係数行列 a を計算し，その後で定数行列を計算して係数行列 a に付加している．そして，この正規方程式を解くために，ガウス－ジョルダン法を用いた多元連立 1 次方程式の解法サブルーチンに飛び，計算結果を打ち出している．

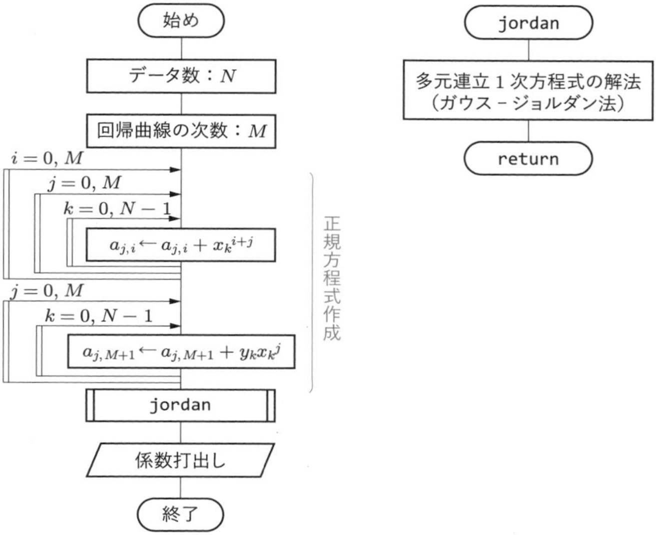

図 3.7　最小 2 乗法のフローチャート

プログラム 3.2

```
//  最小2乗法

#include    <stdio.h>
#include    <math.h>

#define N   6                                      // データ数
#define M   2                                      // 回帰曲線の次数
#define EPS 0.0001                                 // 許容誤差

double  a[M+1][M+2];

int jordan( void );

int main( int argc, char **argv ) {
    double  x[N] = { 0.0, 1.0, 2.0, 3.0, 3.1, 5.0 };    // X 座標
    double  y[N] = { 0.0, 1.1, 2.5, 4.0, 4.1, 5.0 };    // Y 座標

    for( int i=0; i<=M; i++ )
        for( int j=0; j<=M+1; j++ )
            a[i][j] = 0.0;

                                                   // 式(3.23)左辺
    for( int i=0; i<=M; i++ )
        for( int j=0; j<=M; j++ )
```

```
            for( int k=0; k<N; k++ )
                a[j][i] += pow( x[k], (double)(i+j) );

                                            // 式(3.23)右辺
    for( int j=0; j<=M; j++ )
        for( int k=0; k<N; k++ )
          a[j][M+1] += y[k] * pow( x[k], (double)j );

    if( jordan() == 1 ) return 1;

                                            // 係数打出し
    for( int i=0; i<=M; i++ )
        printf( "A%2d = %7.3lf¥n", i, a[i][M+1] );
    return 0;
}

// ガウス-ジョルダン法による連立方程式の計算
int jordan( void ) {
    double  pivot, delta;
    for( int i=0; i<=M; i++ ) {
        pivot = a[i][i];
        if( fabs( pivot ) < EPS ) {
            printf( "ピボットが許容誤差以下¥n" );
            return 1;
        }
        for( int j=i; j<=M+1; j++ )
            a[i][j] /= pivot;

        for( int k=0; k<=M; k++ ) {
            if( k != i ) {
                delta = a[k][i];
                for( int j=i; j<=M+1; j++ )
                    a[k][j] -= delta * a[i][j];
            }
        }
    }
    return 0;
}
```

実行結果 3.2

```
A 0 =  -0.206
A 1 =   1.735
A 2 =  -0.134
```

演習問題

3.1　sin 関数の 6 点，$\sin(0.92+0.01x)$, $x=0,1,2,3,4,5$ を求めて，ラグランジュの補間法で $\sin(0.923)$ を計算せよ．

3.2　ある海域で，水深 x [m] に対する水温 T [°C] が次のように測定された．このとき，$x=800$ m の点の水温をラグランジュの補間法を用いて求めよ．また，$x=950$ m の水温が $T=4.40$°C と誤って測定された場合，$x=800$ m の水温が何 °C ずれるか求めよ．

水深 x [m]	466	714	950	1422
水温 T [°C]	7.04	4.28	3.40	2.54

3.3　次の x と y の表から，最小 2 乗法によって近似直線を求めよ．

x	0	1	2	3	4
y	1	2	1	0	4

3.4　次の表の関係を，最小 2 乗法によって 3 次関数で近似せよ．

x	−4	−2	−1	0	1	3	4	6
y	−35.1	15.1	15.9	8.9	0.1	0.1	21.1	135.0

4章 数値積分

関数積分の一般的な方法は，まず，その関数の不定積分を求めて，次に積分区間を代入する．しかし，一般には非線形方程式の不定積分は求め難い．本章では，コンピュータを用いて任意の方程式の積分近似解を求める方法を解説する．数値積分の計算法は各種考えられているが，ここでは工学的によく用いられる台形公式とシンプソンの公式について解説を行う．

4.1 台形公式

数値積分の最も簡単な方法に**台形公式**の利用がある．この原理は，積分しようとする関数の形を幅の狭い台形の集合体と考えて，これらを個別に数値計算した後に合算しようというものである．

▶ 4.1.1 台形公式について

図 4.1 に示すような，$y=f(x)$ という連続関数を考える．この関数の微小区間 h の両端の x 座標を x_1 と x_2 とし，それらの y 座標をそれぞれ y_1, y_2 とする．この区間は微小区間だから関数値に大きな変化がないものと考えて，$f(x)$ を 1 次関数で近似すれば，この区間の積分はきわめて簡単になる．

ここで，近似に用いる 1 次関数を次式で表そう．

$$y=\alpha x+\beta \tag{4.1}$$

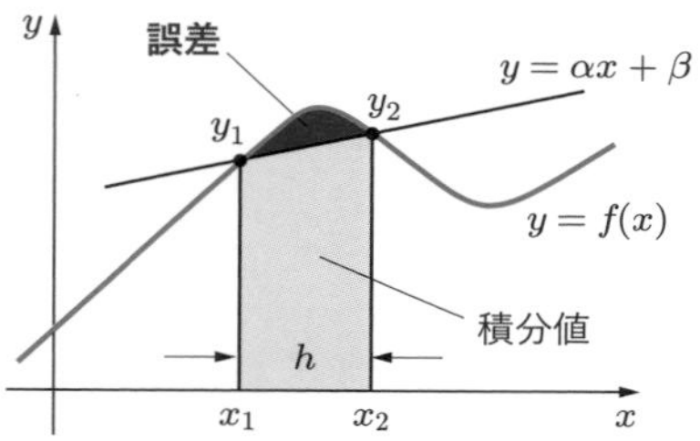

関数を 1 次式で近似して積分すると，関数曲線と直線とで囲まれた面積分の誤差が生じる．

図 4.1　台形公式による数値積分と誤差

式 (4.1) の関数は 2 点 (x_1, y_1), (x_2, y_2) を通過するのだから，これらの点を代入した次の方程式を満足するはずである．

$$\left.\begin{aligned} y_1 &= \alpha x_1 + \beta \\ y_2 &= \alpha x_2 + \beta \end{aligned}\right\} \tag{4.2}$$

さて，微小区間は $h = x_2 - x_1$ であることを考慮して，これらの式から係数 α, β を求めると，次のようになる．

$$\alpha = \frac{y_2 - y_1}{h} \tag{4.3}$$

$$\beta = \frac{y_1 x_2 - y_2 x_1}{h} \tag{4.4}$$

この近似直線 $y = \alpha x + \beta$ を x_1 から x_2 まで積分して，式 (4.3) と式 (4.4) を代入すると，

$$\begin{aligned} \int_{x_1}^{x_2} (\alpha x + \beta)\, dx &= \frac{\alpha({x_2}^2 - {x_1}^2)}{2} + \beta(x_2 - x_1) \\ &= \frac{h(y_1 + y_2)}{2} \end{aligned} \tag{4.5}$$

となり，関数 $f(x)$ の x_1 から x_2 までの微小区間の積分が近似される．図 4.1 からも明らかなように，式 (4.5) は図の薄い青の台形の面積になっており，関数 $f(x)$ と近似した直線 $y = \alpha x + \beta$ とのすき間の分，すなわち濃い青の部分だけ積分したときに誤差が生じることがわかる．

さて，x の区間 a から b までが微小距離 h で n 等分に区切られていて，それぞれの x の値における関数 $f(x)$ の値が $y_0, y_1, y_2, \ldots, y_n$ であるとき，a から b まで定積分を行うには，式 (4.5) の積分値を次々に連続して加えていけばよい．よって，図 4.2 に示すように，その積分値 S は次の台形公式で表すことができる．

$$\begin{aligned} \int_a^b f(x)\, dx &\fallingdotseq \frac{h(y_0 + y_1)}{2} + \frac{h(y_1 + y_2)}{2} + \cdots + \frac{h(y_{n-1} + y_n)}{2} \\ &= \frac{h}{2}(y_0 + 2y_1 + 2y_2 + 2y_3 + \cdots + 2y_{n-1} + y_n) \end{aligned} \tag{4.6}$$

この公式を用いて精度よく積分を行うためには，微小区間 h をできるだけ小さい値にすればよい．しかし，h を小さくとるということは，積分区間を数多くの台形で近似するということになり，計算項数が多くなって計算時間が増加するとともに，各項に含まれる丸め誤差が集積し，かえって精度が悪くなる．

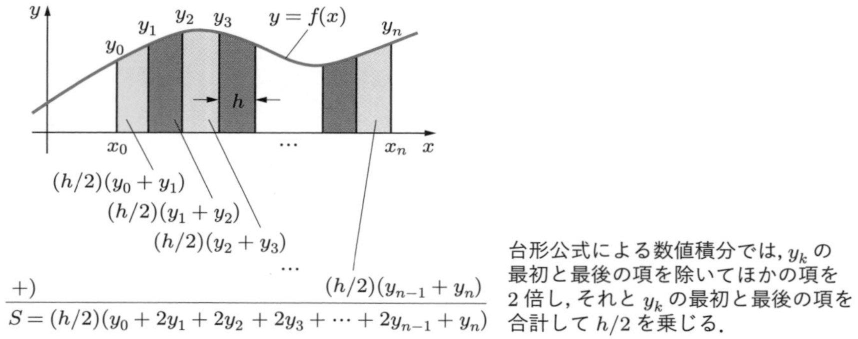

台形公式による数値積分では，y_k の最初と最後の項を除いてほかの項を 2 倍し，それと y_k の最初と最後の項を合計して $h/2$ を乗じる．

図 4.2 台形公式による数値積分の原理図

▶ 4.1.2 台形公式による数値積分プログラム

図 4.3，プログラム 4.1 は，台形公式を用いた数値積分のプログラム例である．func_y という関数で被積分関数を定義する．ここでは例として，$y = x^4 + 2x$ という関数を被積分関数としている．次に，積分の範囲 (xa, xb) を与え，さらに積分刻み数 N を与える．これで計算の条件はすべて整ったので，$x = xa$ から xb まで h おきに，配列 y にデータを $(N+1)$ 個取り込んでいく．任意のデータを数値積分したければ，配列に直接数値を代入してもよい．そして，式 (4.6) に従って数値積

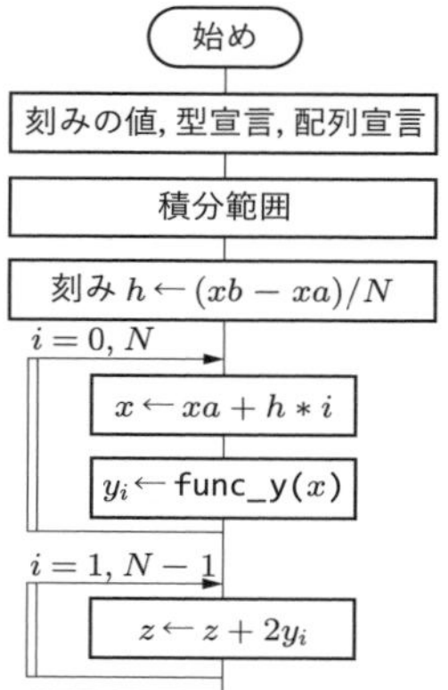

図 4.3 台形公式による数値積分のフローチャート

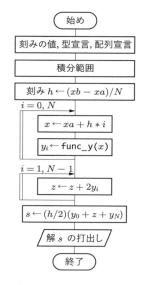

分を行い，結果を出力している．

プログラム 4.1

```
//  台形公式による積分

#include    <stdio.h>
#include    <math.h>

#define N   30                                          // 積分刻み数

double  func_y( double );

int main( int argc, char **argv ) {
    double  y[N+1];
    double  xa = 0.0, xb = 3.0;                         // 積分範囲
    double  z = 0.0, h = 0.0, x, s;

    h = ( xb - xa ) / (double)N;                        // 刻み計算

    for( int i=0; i<=N; i++ ) {
        x    = xa + h * (double)i;
        y[i] = func_y( x );
    }

                                                        // 数値積分
    for( int i=1; i<N; i++ )
        z += 2.0 * y[i];
    s = ( h / 2.0 ) * ( y[0] + z + y[N] );             // 式(4.6)

                                                        // 解打出し
        printf( "ANS = %8.4lf¥n", s );
        return 0;
}

                                            // 被積分関数 x^4 + 2x 定義
double  func_y( double x ) {
    return pow( x, 4.0 ) + 2.0 * x;
}
```

実行結果 4.1

```
ANS =  57.6900
```

4.2 シンプソンの公式

関数の積分を行う場合，台形公式では微小区間の関数値を直線で近似した．この区間の関数値を 2 次関数で近似すれば，台形公式を用いた場合に比べて積分の精度は格段に向上することが期待できるだろう．その近似公式を**シンプソンの公式** (Simpson's rule) という．

▶ 4.2.1 シンプソンの公式について

シンプソンの積分法は，微小区間の関数値を 2 次関数で近似する方法である．ところで，1 次関数は 2 点がわかればその係数が計算できた．同様に，2 次関数の係数は 3 点がわかれば計算できる．図 4.4 に示すように，x 軸上に距離 h で均等に x_1, x_2, x_3 をとり，それぞれの場合の関数 $f(x)$ の y 座標を y_1, y_2, y_3 とする．

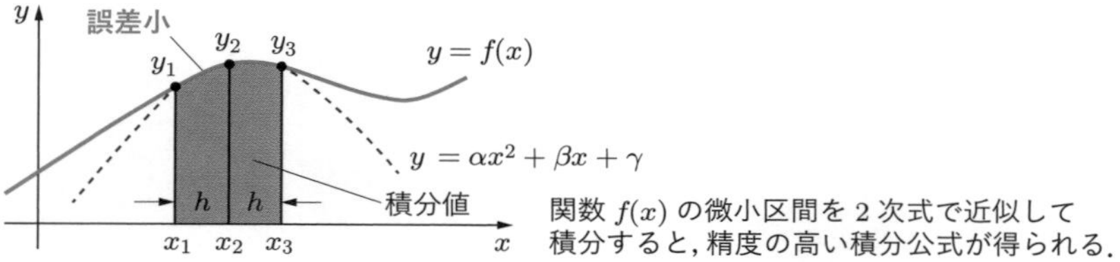

図 4.4 シンプソンの公式と誤差

さて，近似のために用いようとする 2 次方程式を

$$y = \alpha x^2 + \beta x + \gamma \quad (\alpha \neq 0) \tag{4.7}$$

とすると，この関数は 3 点 (x_1, y_1), (x_2, y_2), (x_3, y_3) を通ることが条件だから，次の方程式を満足するはずである．

$$\left.\begin{aligned} y_1 &= \alpha {x_1}^2 + \beta x_1 + \gamma \\ y_2 &= \alpha {x_2}^2 + \beta x_2 + \gamma \\ y_3 &= \alpha {x_3}^2 + \beta x_3 + \gamma \end{aligned}\right\} \tag{4.8}$$

ここで，$x_3 - x_2 = x_2 - x_1 = h$ であることを考慮して，これらの式から係数 α, β, γ を求めると，次のようになる．

$$\left.\begin{aligned}\alpha &= \frac{y_1 - 2y_2 + y_3}{2h^2} \\ \beta &= \frac{-(x_2+x_3)y_1 + 2(x_3+x_1)y_2 - (x_1+x_2)y_3}{2h^2} \\ \gamma &= \frac{x_2x_3y_1 - 2x_3x_1y_2 + x_1x_2y_3}{2h^2}\end{aligned}\right\} \tag{4.9}$$

この近似曲線 $y = \alpha x^2 + \beta x + \gamma$ を x_1 から x_3 まで積分して，上で求めた係数 α, β, γ を代入すると

$$\begin{aligned}\int_{x_1}^{x_3} (\alpha x^2 + \beta x + \gamma)\,dx &= \frac{\alpha({x_3}^3 - {x_1}^3)}{3} + \frac{\beta({x_3}^2 - {x_1}^2)}{2} + \gamma(x_3 - x_1) \\ &= \frac{h}{3}(y_1 + 4y_2 + y_3)\end{aligned} \tag{4.10}$$

となり，関数 $f(x)$ の x_1 から x_3 までの積分が近似される．ここで得られる積分の値は図 4.4 の青色の部分の面積である．積分区間では，関数 $y = f(x)$ と 2 次関数 $y = \alpha x^2 + \beta x + \gamma$ がほとんど一致しており，シンプソンの公式は台形公式の場合と比べて誤差が格段に減少することが予測できる．

さて，x の区間 a から b までが微小距離 h で $2n$ 等分されていて，それぞれの x 座標の値が $(x_0, x_1, x_2, \ldots, x_{2n-1}, x_{2n})$ であるとする．そのときの関数 $f(x)$ の値が $(y_0, y_1, y_2, \ldots, y_{2n-1}, y_{2n})$ で与えられるとき，a–b 間の定積分 S は，図 4.5 にも示すように，式 (4.10) をそのまま連続して加え続ければよい．

$$\begin{aligned}S \fallingdotseq \frac{h}{3}\{&(y_0 + 4y_1 + y_2) + (y_2 + 4y_3 + y_4) + \cdots \\ &+ (y_{2n-4} + 4y_{2n-3} + y_{2n-2}) + (y_{2n-2} + 4y_{2n-1} + y_{2n})\}\end{aligned}$$

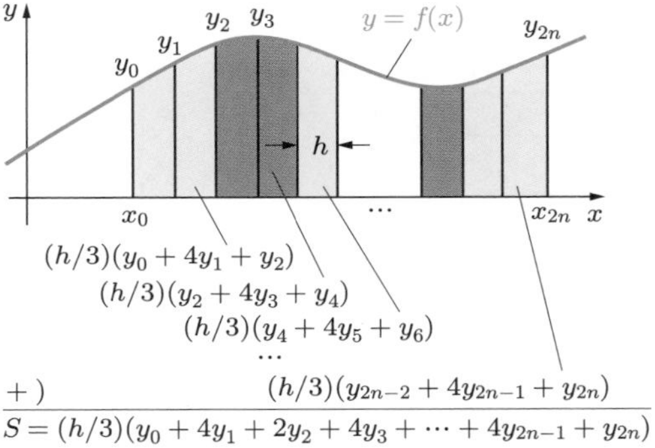

シンプソンの公式による数値積分では，y_k の最初と最後の項を除いてほかの奇数項を 4 倍，偶数項を 2 倍し，その すべての合計に $h/3$ を乗じる．

図 4.5 シンプソンの公式の原理図

よって，結果的に次のような公式が得られる．これをシンプソンの公式とよび，近似精度の高い数値積分公式である．

$$\int_a^b f(x)\,dx \fallingdotseq \frac{h}{3}(y_0 + 4y_1 + 2y_2 + 4y_3 + \cdots + 2y_{2n-2} + 4y_{2n-1} + y_{2n}) \tag{4.11}$$

ただし，$h = \dfrac{b-a}{2n}$

▶ 4.2.2 シンプソンの公式による数値積分プログラム

図 4.6，プログラム 4.2 は，シンプソンの公式を用いた数値積分のプログラム例である．func_y 関数で被積分関数 $y = x^4 + 2x$ を定義し，積分の範囲 (xa, xb) を与え，さらに積分刻み数 N を与えるところは，すべて台形公式によるプログラムと同じである．

これによって，$x = xa$ から xb まで h ずつ増加させながら，配列 y にデータを $(N+1)$ 個（N は偶数）取り込んでいき，そして，式 (4.11) に従って数値積分を

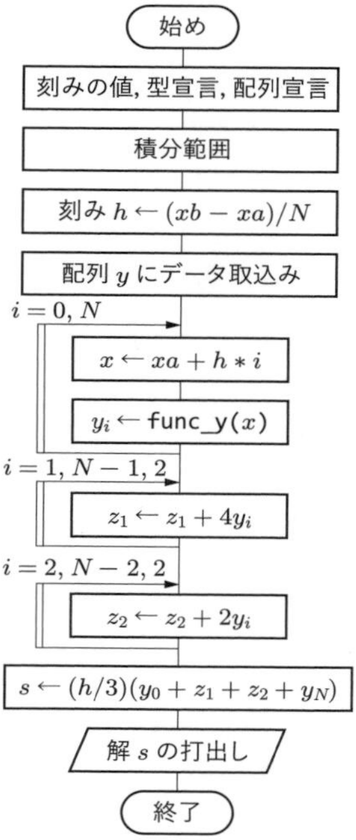

図 4.6 シンプソンの公式による数値積分のフローチャート

行い結果を出力している.

プログラム 4.2

```
//  シンプソンの公式による積分

#include    <stdio.h>
#include    <math.h>

#define N   30                                          // 積分刻み数

double  func_y( double );

int main( int argc, char **argv ) {
    double  y[ N+1 ];
    double  xa = 0.0, xb = 3.0;                         // 積分範囲
    double  z1 = 0.0, z2 = 0.0, h = 0.0, x, s;

    h = ( xb - xa ) / (double)N;                        // 刻み計算

                                                        // 関数値計算
    for( int i=0; i<=N; i++ ) {
        x    = xa + h * (double)i;
        y[i] = func_y( x );
    }

                                                        // 数値積分
    for( int i=1; i<=N-1; i+=2 )
        z1 += 4.0 * y[i];
    for( int i=2; i<=N-2; i+=2 )
        z2 += 2.0 * y[i];
    s = ( h / 3.0 ) * ( y[0] + z1 + z2 + y[N] );    // 式(4.11)

                                                        // 解打出し
    printf( "ANS = %8.4lf¥n", s );
    return 0;
}

double  func_y( double x ) {
    return pow( x, 4.0 ) + 2.0 * x;
}
```

実行結果 4.2

```
ANS =  57.6000
```

演習問題

4.1 次の積分を，台形公式を用いて計算せよ．ただし，刻みは $h = 1.0, 0.5, 0.25, 0.125, \ldots$ というように次々に半分にしていき，解の収束状況を見よ．

$$\int_1^2 \frac{1}{x}\,dx = [\ln x]_1^2 = 0.69314\cdots$$

4.2 演習問題 4.1 をシンプソンの公式を用いて行え．

5章 常微分方程式

関数の微分を計算するのは比較的簡単であるが，微分方程式を解くということになると，簡単には一般解を求めることができない．よって，コンピュータを用いて微分方程式の近似数値解を求めることは，工学的に重要な問題になる．この数値計算法も各種考えられているが，ここでは工学的によく用いられるオイラーの前進公式とルンゲ－クッタの公式について解説を行い，連立微分方程式にもふれている．

5.1 オイラーの前進公式

関数の 1 階微分は，その関数の接線の勾配を表す．よって，**オイラーの前進公式**では，この勾配を利用して次々に直線近似で原始関数の値を推測していく．

▶ 5.1.1 オイラーの前進公式について

1 階の微分方程式が与えられていると，ただちに原始関数の接線の方程式を得ることができる．また，図 5.1 に示すように，関数を接線で近似しても，近似区間が微小幅なら大きな誤差は生じない．したがって，微分方程式を用いることによって，次々に直線近似で原始関数の値を推測していくことができる．

いま，次のような 1 階の微分方程式を解くことを考えよう．

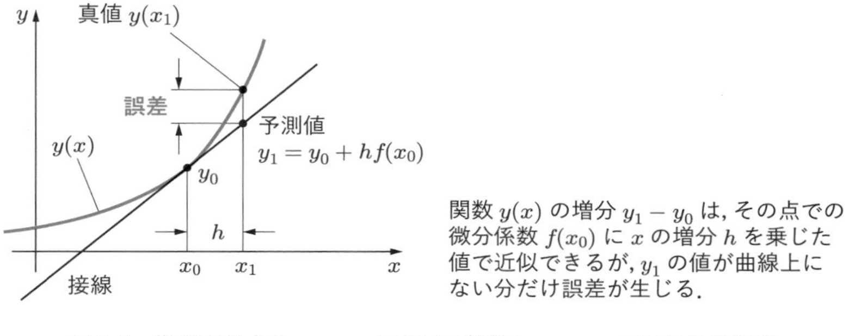

y
真値 $y(x_1)$
誤差
予測値
$y_1 = y_0 + hf(x_0)$
$y(x)$
y_0
h
x_0
x_1
x
接線
関数 $y(x)$ の増分 $y_1 - y_0$ は，その点での微分係数 $f(x_0)$ に x の増分 h を乗じた値で近似できるが，y_1 の値が曲線上にない分だけ誤差が生じる．

図 5.1　微分方程式の $x = x_0$ における接線と $x = x_1$ における予測値

$$\frac{dy}{dx} = f(x) \tag{5.1}$$

図にも示したように，x-y 座標系において，微小区間 $x = x_0$ と $x_0 + h$ における関数値を y_0, y_1 とすれば，微分値 dy/dx は次のように近似される．

$$\frac{dy}{dx} = \frac{y_1 - y_0}{h} \tag{5.2}$$

よって，式 (5.1) と式 (5.2) から y_1 を求めると，

$$y_1 = y_0 + hf(x_0) \tag{5.3}$$

が得られる．y_1 が求められれば，この点 $(x_0 + h, y_1)$ を新たな出発点として，同様の操作によって $(x_0 + 2h, y_2)$ が求められる．このようにして次々に y の値を求めていけば，微分方程式の数値解が得られる．この式を**オイラーの前進公式** (forward Euler method) とよぶ．なお，一般には関数は x, y を変数として含むので，上式は次のような表現になる．

$$y_{i+1} = y_i + hf(x_i, y_i) \tag{5.4}$$

$$x_{i+1} = x_i + h \tag{5.5}$$

$$(i = 0, 1, 2, \ldots)$$

この方法では，図 5.1 からも明らかなように，関数曲線を $x = x_0$ における接線で近似して次の点を求めていくため，誤差が累積して，最終的には大きな誤差が生じてしまう．その誤差の割合を調べるために，$y(x_0 + h)$ をテイラー展開してみる．例題 1.2 で行ったように，展開式は次のようになる．

$$y(x_0 + h) = y(x_0) + hy'(x_0) + \frac{1}{2}h^2 y''(x_0) + \cdots \tag{5.6}$$

この式からも明らかなように，オイラーの前進公式は展開式の第 2 項以上を省略したものになっているので，h^2 の程度に誤差が累積する．したがって，誤差を小さくするには刻み幅 h を小さくすればよい．一方で，h をあまり小さくとると計算回数が増えて計算時間が増加し，また，**累積誤差**が増加する．

▶ 5.1.2 オイラーの前進公式を用いたプログラム

オイラーの前進公式による 1 階の微分方程式の数値解法例を，図 5.2，プログラム 5.1 に示す．

プログラムでは，微分方程式を func_f(x) で与えている．この例題では $dy/dx = 2x$，初期値は $(0, 0)$ という問題を扱っているが，それぞれを変更することによって，任意の微分方程式を解くプログラムに変更できる．

次に，刻み h，解を打ち出す周期 dx と，打ち出す範囲 $x_{\max}$ を与えて，さらに見出しを打ち出し，これで計算準備がすべて整うことになる．

オイラーの前進公式による数値計算は，式 (5.4)，(5.5) に従って計算を行っている．なお，解の打出しには if 文を用いており，変数 x が $ddx - EPS$ より大きくなるたびに解を打ち出している．ここで ddx から 0.00000001 (EPS) を引いているのは，2 進数 → 10 進数の変換精度を考慮しているためである．さらに ddx に打出し幅 dx を加えて，打出しを繰り返している．

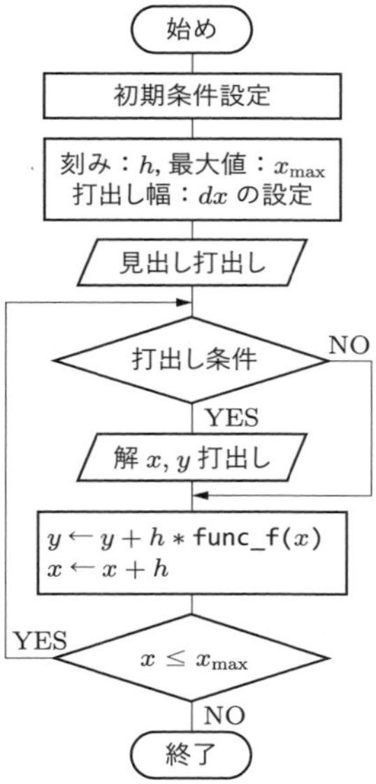

図 5.2 オイラーの前進公式を用いた微分方程式の数値解法のフローチャート

プログラム 5.1

```
//  オイラーの前進公式を用いた微分方程式の解法

#include    <stdio.h>
#include    <math.h>

#define EPS 0.00000001                                          // 許容誤差

double  func_f( double );
```

```
int main( int argc, char **argv ) {
    double  x = 0.0, y = 0.0;                          // 初期条件
    double  h = 0.01, dx = 1.0, xmax = 10.0;           // 刻みなど
    double  ddx = 0.0;

    printf( "X¥tY¥n" );                                 // 見出し打出し
    do {
        if( x >= ddx - EPS ) {                         // 打出し条件
            ddx += dx;
            printf( "%7.4lf %7.4lf¥n", x, y );         // 解打出し
        }

                                                       // 関数値増加
        y += h * func_f( x );                          // 式(5.4)
        x += h;                                        // 式(5.5)
    } while( x <= xmax + EPS );
    return 0;
}

                                       // 微分方程式 f(x) = 2x 定義
double func_f( double x ) {
    return 2.0 * x;
}
```

実行結果 5.1

```
X        Y
 0.0000  0.0000
 1.0000  0.9900
 2.0000  3.9800
 3.0000  8.9700
 4.0000 15.9600
 5.0000 24.9500
 6.0000 35.9400
 7.0000 48.9300
 8.0000 63.9200
 9.0000 80.9100
10.0000 99.9000
```

5.2 ルンゲ－クッタの公式

精度の高い数値積分法にシンプソンの積分公式があった．微分は積分の逆だから，この公式を導いた方法を利用して，**ルンゲ－クッタの公式** (Runge–Kutta method) を考えることができる.

▶ 5.2.1 ルンゲ－クッタの公式について

いま, 次のような 1 階の微分方程式を考える.

$$\frac{dy}{dx} = f(x) \tag{5.7}$$

この式は, 両辺に dx を乗算して積分することにより, 次のように x と y が分離された積分形で表すことができる. いいかえれば, x と y の関係が等号で結ばれたことになる.

$$\int dy = \int f(x)\,dx \tag{5.8}$$

さてここで, この 1 階の微分方程式 (5.7) の初期値が (x_0, y_0) であり, x が微小距離 h だけ増加して $x_1 = x_0 + h$ になったとき, y が y_0 から y_1 になったと仮定すれば次の関係になるだろう.

$$\int_{y_0}^{y_1} dy = \int_{x_0}^{x_0+h} f(x)\,dx \tag{5.9}$$

式 (5.9) の左辺を定積分してから式を整理して y_1 を求めると, 次の式が得られる.

$$y_1 = y_0 + \int_{y_0}^{x_0+h} f(x)\,dx \tag{5.10}$$

この式は, x が微小値 h だけ増加すると, 右辺第 2 項の積分の値だけ y が増加することを意味している. よって, x を h ずつ増加させながら y の値を数値計算することによって, 次々に x と y の関係を求めていくことができる.

さて, 上式の積分は微小範囲だから, シンプソンの公式を導く過程で用いた 2 次式の近似積分法を用いてみよう. すでに式 (4.10) で示したように, x 座標上で均等に δx ずつ離れた 3 点 x_1, x_2, x_3 の関数値をそれぞれ f_1, f_2, f_3 とするとき, その微小区間の積分 ΔS は次のように近似された.

$$\Delta S = \int_{x_1}^{x_3} f(x)\,dx = \frac{\delta x}{3}(f_1 + 4f_2 + f_3) \tag{5.11}$$

よって, ここでも x_0 と x_1 の間に 3 点をとると, 均等幅 δx は $h/2$ になる. これらの式 (5.10) と式 (5.11) を比べると $\delta x = h/2$ になるので, 次のように積分項を表すことができる.

$$\int_{x_0}^{x_0+h} f(x)\,dx = \frac{h}{6}\left\{f(x_0) + 4f\left(x_0 + \frac{h}{2}\right) + f(x_0+h)\right\} \tag{5.12}$$

これを式 (5.10) に代入すると，次の**ルンゲ－クッタの公式**が得られる．

$$y_1 = y_0 + \frac{h}{6}\left\{f(x_0) + 4f\left(x_0 + \frac{h}{2}\right) + f(x_0+h)\right\} \tag{5.13}$$

これらの関係を図示すると図 5.3 のようになる．図に示すように，関数 $y(x)$ の曲線において，x が x_0 から x_1 に増加したときの $y(x)$ の増分 Δy は，その導関数 $f(x)$ を x_0 から x_1 まで積分した値に等しくなる．この面積をシンプソンの公式等で積分すれば，前節で述べたオイラーの前進公式とは異なって，きわめて正確な数値解が得られることが想像できよう．

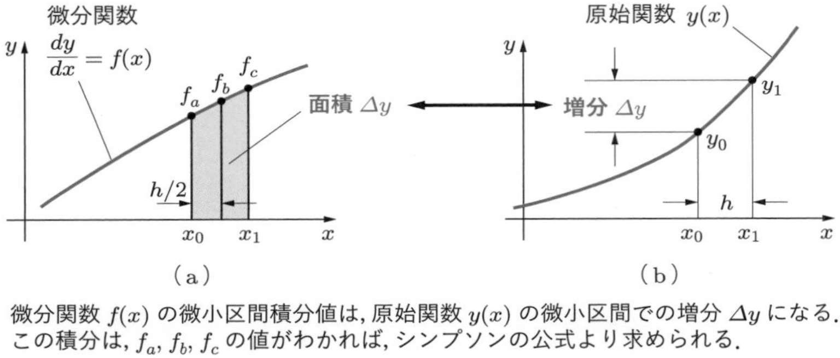

微分関数 $f(x)$ の微小区間積分値は，原始関数 $y(x)$ の微小区間での増分 Δy になる．
この積分は，f_a, f_b, f_c の値がわかれば，シンプソンの公式より求められる．

図 5.3 微分関数と原始関数の関係図

いままでは簡単のために，微分方程式の関数 f が変数 x のみの関数であると考えてきたが，一般には x と y の関数 $f(x,y)$ であることが多い．この場合のルンゲ－クッタの微分公式は次のようになる．

$$y_{i+1} = y_i + \frac{h}{6}(k_1 + 2k_2 + 2k_3 + k_4) \tag{5.14}$$

$$\left.\begin{aligned}
&k_1 = f(x_i, y_i)\\
&k_2 = f\left(x_i + \frac{h}{2}, y_i + \frac{k_1 h}{2}\right)\\
&k_3 = f\left(x_i + \frac{h}{2}, y_i + \frac{k_2 h}{2}\right)\\
&k_4 = f(x_i + h, y_i + k_3 h)\\
&\quad (i = 0, 1, 2, \ldots)
\end{aligned}\right\} \tag{5.15}$$

▶ 5.2.2 ルンゲ－クッタの公式を用いたプログラム

ルンゲ－クッタの公式による 1 階の微分方程式の数値解法例を，図 5.4，プログラム 5.2 に示す．

プログラム中，微分方程式を func_f(x,y) で与えるステートメント，さらに初期値 (x_0, y_0) の与え方，刻み h，解を打ち出す周期 dx と，打出し範囲 $x_{\max}$，見出しや解の打出し等は，すべてオイラーの前進公式による数値計算の場合と同じである．異なるところは，式 (5.14)，(5.15) に従って計算を行っている点である．

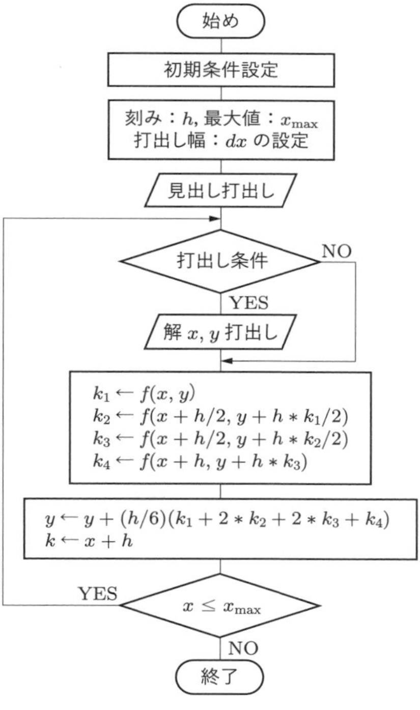

図 5.4　ルンゲ－クッタの公式を用いた微分方程式の数値解法のフローチャート

プログラム 5.2

```
//  ルンゲ－クッタの公式を用いた微分方程式の解法

#include    <stdio.h>
#include    <math.h>

#define EPS 0.00000001                                  // 許容誤差

double  func_f( double, double );
```

```

int main( int argc, char **argv ) {
    double  x = 0.0, y = 0.0;                            // 初期条件
    double  h = 0.01, dx = 1.0, xmax = 10.0;             // 刻みなど
    double  ddx = 0.0, k1, k2, k3, k4;

    printf( "X¥t Y¥n" );                                 // 見出し打出し
    do {
        if( x >= ddx - EPS ) {                           // 打出し条件
            ddx += dx;
            printf( "%8.4lf %8.4lf¥n", x, y );           // 解打出し
        }

                                                         // 式(5.15)
        k1 = func_f( x          , y                );
        k2 = func_f( x + h / 2.0, y + h * k1 / 2.0 );
        k3 = func_f( x + h / 2.0, y + h * k2 / 2.0 );
        k4 = func_f( x + h      , y + k3 * h       );

                                                         // 式(5.14)
        y += ( h / 6.0 ) * ( k1 + 2.0 * k2 + 2.0 * k3 + k4 );
        x += h;
    } while( x <= xmax + EPS );
    return 0;
}

                                  // 微分方程式 f(x) = 2x 定義
double  func_f( double x, double y ) {
    return 2.0 * x;
}
```

実行結果 5.2

```
 X        Y
  0.0000   0.0000
  1.0000   1.0000
  2.0000   4.0000
  3.0000   9.0000
  4.0000  16.0000
  5.0000  25.0000
  6.0000  36.0000
  7.0000  49.0000
  8.0000  64.0000
  9.0000  81.0000
 10.0000 100.0000
```

5.3 高階常微分方程式

高階の常微分方程式は，連立 1 階微分方程式に変換することによって解くことができる．

▶ 5.3.1 高階常微分方程式について

高階常微分方程式は，図 5.5 に示すように，置換を行うことによって多元連立 1 階微分方程式に変換される．よって，連立 1 階微分方程式の解法を修得すれば，どのような微分方程式にも対応することができる．

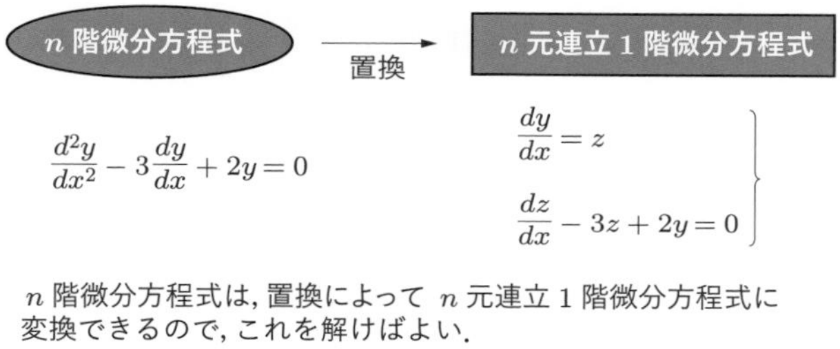
n 階微分方程式
置換
n 元連立 1 階微分方程式
$\frac{d^2y}{dx^2} - 3\frac{dy}{dx} + 2y = 0$
$\frac{dy}{dx} = z$
$\frac{dz}{dx} - 3z + 2y = 0$
n 階微分方程式は，置換によって n 元連立 1 階微分方程式に
変換できるので，これを解けばよい．

図 5.5 高階常微分方程式の変換

いま，簡単のために，次のように初期条件を与えられた 2 階の微分方程式を考えてみよう．

$$\frac{d^2y}{dx^2} = f\left(x, y, \frac{dy}{dx}\right)$$

$$\text{初期条件：} x = 0 \text{ のとき，} y = y_0,\ dy/dx = z_0 \tag{5.16}$$

この式で $z = dy/dx$ という置換を行うと，次のように 2 式に分離して表すことができる．

$$\frac{dy}{dx} = z \tag{5.17}$$

$$\frac{dz}{dx} = f(x, y, z) \tag{5.18}$$

よって，2 階の微分方程式が，1 階の 2 元連立微分方程式に変換されたことになる．

この考えを一般化して，次のような n 階の常微分方程式を扱おう．

$$\frac{d^n y}{dx^n} = f\left(x, y, \frac{dy}{dx}, \ldots, \frac{d^{n-1}y}{dx^{n-1}}\right) \tag{5.19}$$

ここで，$d^{n-1}y/dx^{n-1} = y_{n-1}, \ldots, dy/dx = y_1$ という置換を行うと，式 (5.19) は次のように変形される．

$$\frac{d^k y}{dx^k} = y_k \quad (k = 1, 2, 3, \ldots, n-1) \tag{5.20}$$

$$\frac{dy_{n-1}}{dx} = f(x, y, y_1, y_2, \ldots, y_{n-2}, y_{n-1}) \tag{5.21}$$

これらの方程式はすべて1階微分方程式であるので，これらを連立させて数値解析を行えば，n 階の常微分方程式が解ける．この，連立1階微分方程式を解く手段については次節にゆずる．

例題 5.1 次の2階微分方程式を1階の連立微分方程式に置き換えよ．

$$\frac{d^2y}{dx^2} - 3\frac{dy}{dx} + 2y = 0$$

ただし，初期条件：$x = 0$ のとき，$y = 3$, $dy/dx = 4$

解 この式で $z = dy/dx$ という置換を行うと，次のように2式に分離して表すことができる．

$$\frac{dy}{dx} = z, \quad \frac{dz}{dx} = 3z - 2y$$

ただし，初期条件：$x = 0$ のとき，$y = 3$, $z = 4$

5.4 連立常微分方程式

連立常微分方程式は，ルンゲ－クッタの公式などを利用して数値計算で解くことができる．

▶ 5.4.1 連立常微分方程式の解法

5.2節で扱ったルンゲ－クッタの公式 (5.14) は，微分関数が $f(x, y)$ という，従属変数が x, y のみの場合であった．ここでは，従属変数を m 個もつ m 元連立1階の微分方程式を考えよう．

$$\frac{dy_i}{dx} = f_i(x, y_1, y_2, \ldots, y_m) \quad (i = 1, 2, \ldots, m) \tag{5.22}$$

すると，式 (5.15) からも類推できるように，この関数についてのルンゲ－クッタの公式は次のようになる．

$$y_{i,n+1} = y_{i,n} + \frac{h}{6}(b_{i,1} + 2b_{i,2} + 2b_{i,3} + b_{i,4}) \tag{5.23}$$

$$\begin{aligned} b_{i,j} = f_i(&x_n + \alpha_j h, y_{1,n} + \alpha_j h b_{1,j-1}, \\ &y_{2,n} + \alpha_j h b_{2,j-1}, \ldots, y_{m,n} + \alpha_j h b_{m,j-1}) \end{aligned} \tag{5.24}$$

ただし，添え字 i, j には，それぞれの次の関係がある．

$$\begin{aligned} &\alpha_1 = 0, \quad \alpha_2 = \alpha_3 = \frac{1}{2}, \quad \alpha_4 = 1, \quad b_{i,0} = 0 \\ &i = 1, 2, \ldots, m, \qquad j = 1, 2, 3, 4 \end{aligned}$$

簡単のために，この公式を次のような 2 元連立 1 階微分方程式に当てはめてみよう．

$$\frac{dy}{dx} = f(x, y, z) \tag{5.25}$$

$$\frac{dz}{dx} = g(x, y, z) \tag{5.26}$$

すると，式 (5.22)～(5.24) から次の式が得られる．

$$\left.\begin{aligned} y_{n+1} &= y_n + \frac{h}{6}(b_1 + 2b_2 + 2b_3 + b_4) \\ z_{n+1} &= z_n + \frac{h}{6}(c_1 + 2c_2 + 2c_3 + c_4) \end{aligned}\right\} \tag{5.27}$$

$$\left.\begin{aligned} b_1 &= f(x_n, y_n, z_n) \\ c_1 &= g(x_n, y_n, z_n) \\ b_2 &= f\left(x_n + \frac{h}{2}, y_n + \frac{b_1 h}{2}, z_n + \frac{c_1 h}{2}\right) \\ c_2 &= g\left(x_n + \frac{h}{2}, y_n + \frac{b_1 h}{2}, z_n + \frac{c_1 h}{2}\right) \\ b_3 &= f\left(x_n + \frac{h}{2}, y_n + \frac{b_2 h}{2}, z_n + \frac{c_2 h}{2}\right) \\ c_3 &= g\left(x_n + \frac{h}{2}, y_n + \frac{b_2 h}{2}, z_n + \frac{c_2 h}{2}\right) \\ b_4 &= f(x_n + h, y_n + b_3 h, z_n + c_3 h) \\ c_4 &= g(x_n + h, y_n + b_3 h, z_n + c_3 h) \end{aligned}\right\} \tag{5.28}$$

例題 5.2 次の2元連立1階微分方程式を，ルンゲ－クッタの公式に当てはめよ．

$$\frac{dy}{dx} = z, \quad \frac{dz}{dx} = 3z - 2y$$

解 ルンゲ－クッタの公式 (5.27)，(5.28) に

$$f(x, y, z) = z$$
$$g(x, y, z) = 3z - 2y$$

を代入すると，次の方程式が得られる．

$$y_{n+1} = y_n + \frac{h}{6}(b_1 + 2b_2 + 2b_3 + b_4)$$
$$z_{n+1} = z_n + \frac{h}{6}(c_1 + 2c_2 + 2c_3 + c_4)$$
$$b_1 = z_n, \qquad c_1 = 3z_n - 2y_n$$
$$b_2 = z_n + \frac{c_1 h}{2}, \qquad c_2 = 3\left(z_n + \frac{c_1 h}{2}\right) - 2\left(y_n + \frac{b_1 h}{2}\right)$$
$$b_3 = z_n + \frac{c_2 h}{2}, \qquad c_3 = 3\left(z_n + \frac{c_2 h}{2}\right) - 2\left(y_n + \frac{b_2 h}{2}\right)$$
$$b_4 = z_n + c_3 h, \qquad c_4 = 3(z_n + c_3 h) - 2(y_n + b_3 h)$$

▶ 5.4.2 連立常微分方程式の解法プログラム

ここでは，例題 5.1 で取り扱った2階微分方程式

$$\frac{d^2y}{dx^2} - 3\frac{dy}{dx} + 2y = 0 \tag{5.29}$$

ただし，初期条件：$x = 0$ のとき，$y = 3$, $\dfrac{dy}{dx} = 4$

を例にして，連立微分方程式を解くプログラムを作っていく（図 5.6，プログラム 5.3）．

さて，例題 5.1 で考えたように，この微分方程式は次のような2元連立1階の微分方程式に変形される．

$$\frac{dy}{dx} = z \tag{5.30}$$

$$\frac{dz}{dx} = 3z - 2y \tag{5.31}$$

ただし，初期条件：$x = 0$ のとき，$y = 3$, $z = 4$

この変形を利用して，プログラム 5.3 ではまず，2 元連立微分方程式の微分関数を定義し，初期条件と刻み h を与え，次に多元連立 1 階微分方程式を解くルンゲ−クッタの公式 (5.27)，(5.28) に次々に代入して解を求めている．

また，例として用いた微分方程式 (5.29) は，微分演算子を $D \equiv d/dx$ と表すと次のように変形される．

$$(D^2 - 3D + 2)y = (D-1)(D-2)y = 0 \tag{5.32}$$

よって厳密解は，初期条件を考慮して係数を決定すると次のような式になり，プログラムの中で数値解法との誤差の比較をするために使用している．

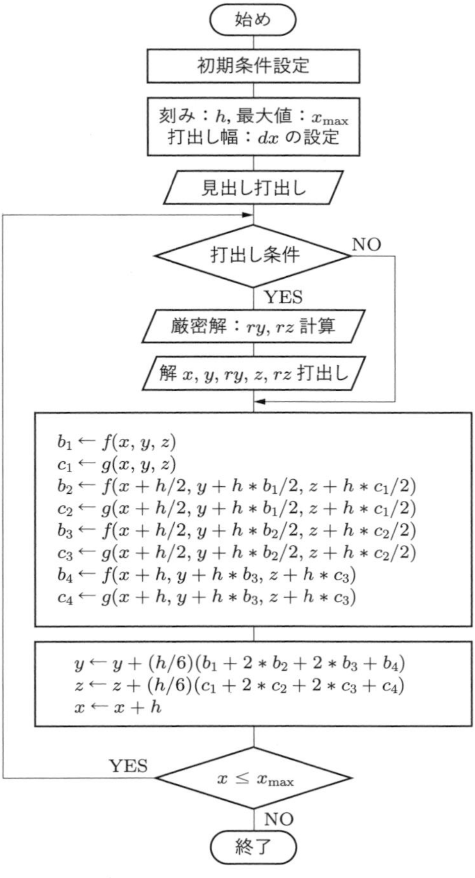

図 5.6 2 元連立 1 階微分方程式の数値解法のフローチャート

$$
\begin{aligned}
y &= 2e^{x} + e^{2x} \\
z &= 2e^{x} + 2e^{2x}
\end{aligned}
\tag{5.33}
$$

プログラム 5.3

```
//  2元連立1階微分方程式

#include    <stdio.h>
#include    <math.h>

#define EPS 0.00000001                                  // 許容誤差

double  func_f( double, double, double );
double  func_g( double, double, double );

int main( int argc, char **argv ) {
    double  x = 0.0, y = 3.0, z = 4.0;                  // 初期条件
    double  h = 0.005, dx = 0.2, xmax = 2.0;            // 刻みなど
    double  ry, rz, ddx = 0.0;                          // 厳密解
    double  b1, b2, b3, b4;
    double  c1, c2, c3, c4;

                                    // 数値解析
    printf( "%5s %10s %10s %10s %10s¥n", "X", "Y", "RY", "Z", "RZ");
                                                        // 見出し打出し
    do {
        if( x >= ddx - EPS ) {                              // 打出し条件
            ddx += dx;
            ry = 2.0 * exp( x ) + exp( 2.0 * x );           // 厳密解計算
            rz = 2.0 * exp( x ) + 2.0 * exp( 2.0 * x );
            printf( "%10.4lf %10.4lf %10.4lf %10.4lf %10.4lf¥n",
                    x, y, ry, z, rz );
        }                                                   // 解打出し

                                    // 式(5.28)
        b1 = func_f( x, y, z );
        c1 = func_g( x, y, z );
        b2 = func_f( x + h / 2.0, y + h * b1 / 2.0,
                     z + h * c1 / 2.0 );
        c2 = func_g( x + h / 2.0, y + h * b1 / 2.0,
                     z + h * c1 / 2.0 );
        b3 = func_f( x + h / 2.0, y + h * b2 / 2.0,
                     z + h * c2 / 2.0 );
        c3 = func_g( x + h / 2.0, y + h * b2 / 2.0,
                     z + h * c2 / 2.0 );
        b4 = func_f( x + h      , y + h * b3      ,
                     z + h * c3      );
        c4 = func_g( x + h      , y + h * b3      ,
```

```
                    z + h * c3        );

                                // 式(5.27)
        y += ( h / 6.0 ) * ( b1 + 2.0 * b2 + 2.0 * b3 + b4 );
        z += ( h / 6.0 ) * ( c1 + 2.0 * c2 + 2.0 * c3 + c4 );
        x += h;
    } while( x <= xmax );
    return 0;
}

                                // 微分方程式 f( x, y, z ) = z
double  func_f( double x, double y, double z ) {
    return z;
}

                                // 微分方程式 g( x, y, z ) = 3z - 2y
double  func_g( double x, double y, double z ) {
    return 3.0 * z - 2.0 * y;
}
```

実行結果 5.3

X	Y	RY	Z	RZ
0.0000	3.0000	3.0000	4.0000	4.0000
0.2000	3.9346	3.9346	5.4265	5.4265
0.4000	5.2092	5.2092	7.4347	7.4347
0.6000	6.9644	6.9644	10.2845	10.2845
0.8000	9.4041	9.4041	14.3571	14.3571
1.0000	12.8256	12.8256	20.2147	20.2147
1.2000	17.6634	17.6634	28.6866	28.6866
1.4000	24.5550	24.5550	40.9997	40.9997
1.6000	34.4386	34.4386	58.9711	58.9711
1.8000	48.6975	48.6975	85.2958	85.2958
2.0000	69.3763	69.3763	123.9744	123.9744

演習問題

5.1 $\dfrac{dy}{dx} = x^2 + y$ についてオイラーの前進公式で解け．ただし，初期値を $x_0 = 1,\ y_0 = 1$ とし，刻みを $h = 0.1, 0.05, 0.025, \ldots$ と 1/2 ずつ減らして計算し，それぞれの場合の $x = 2.0$ の値を求めよ．

5.2 $\dfrac{dy}{dx} = \dfrac{3y}{1+x}$ についてルンゲ－クッタの公式で解け．ただし，初期値を $x_0 = 1,\ y_0 = 1$ とし，刻みを $h = 0.1, 0.05, 0.025, \ldots$ と 1/2 ずつ減らして計算し，それぞれの場合の $x = 2.0$ の値を求めよ．

5.3 $\dfrac{d^2y}{dx^2} - x\dfrac{dy}{dx} + y = 0$ のとき，$x = 0.5$ で y の値はいくらか．ただし，初期値は $x = 0$ のとき，$y(0) = 0$, $y'(0) = 1$ であり，刻みは $h = 0.1$ を用いよ．

5.4 $\dfrac{dy}{dx} = -2y + z$, $\dfrac{dz}{dx} = -4y + 3z$ という連立常微分方程式を解き，$x = 2.0$ において厳密解と比較せよ．ただし，初期値は $x = 0$ のとき，$y(0) = 0$, $z(0) = 1$ であり，刻みは $h = 0.4, 0.2, 0.1, 0.05, \ldots$ を用いよ．

6章 偏微分方程式

多くの工学的な応用問題では，時間と位置の関数であったり，また，平面や空間の分布を扱ったりすることが多く，そこで扱われる方程式は偏微分の形になる．この章では，コンピュータを用いて偏微分方程式の近似数値解を求める方法について考える．この数値計算法も各種考えられているが，ここでは工学的によく用いられる差分法の基礎についての解説を行う．

6.1 偏導関数の差分近似

ある関数が複数の**独立変数**の関数になっている場合を考えよう．たとえば，金属板の温度分布を考えると，温度は板の位置 (x, y) によって決定される．また，この板をそのまま放置すると熱が周囲に奪われるので，さらに時間という独立変数が温度の関数になる．

まず，簡単のために，x と y という 2 つの独立変数による関数を考えてみよう．図 6.1 (a) に示すように，変数 (x, y) を x-y 平面にとって，この x, y 方向に均一

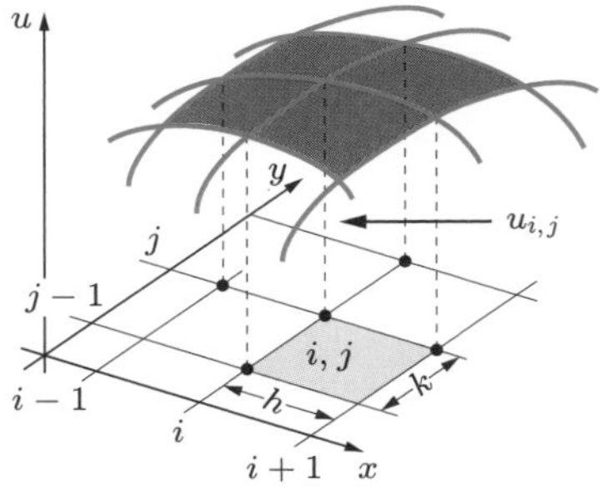

（a）曲面 u

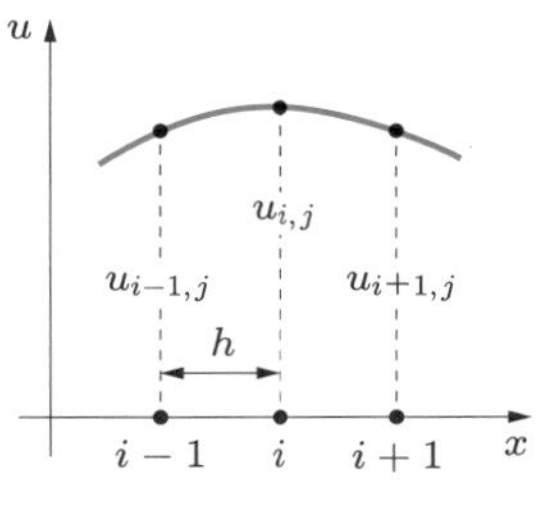

（b）$y=j$ の断面図

u が独立変数 x, y の関数なら，座標 (x, y, u) 上で u は曲面になる．
いま，x-y 平面上に格子座標 (i, j) を考え，刻みを h, k でとる．
すると $y=j$ では，曲面は図（b）のように曲線になるので，導関数は近傍の値を用いて近似できる．

図 6.1　曲面 u と断面図

幅 h, k の**格子座標** (i, j) を考える．そしてこの座標の縦軸に，x と y を変数としてもつ関数 $u(x, y)$ の値をとると，$u = u(x, y)$ は曲面になる．この格子点 (i, j) 上の関数値 $u(x, y)$ を $u_{i,j}$ と表記しよう．

いまここで，1 つの変数 y が $y = j$ である場合を考えると，そのとき u は変数 x のみの関数になり，その図形は図 (b) に示すように座標 (x, u) 上の曲線になる．よって，5.1 節で述べたように，$x = i$ における x 軸方向の曲線の接線の勾配，すなわち導関数は，その x 方向の近傍の関数値で近似することができる．ただし，u は x と y という 2 つの独立変数をもっているので，導関数は**偏導関数**になる．この偏導関数 $\partial u/\partial x$ は，h が微小長さであれば，$u_{i,j}$ とその前後の格子点上の関数値 $u_{i-1,j}$, $u_{i+1,j}$ を用いて，次のように書くことができる．

$$\left(\frac{\partial u}{\partial x}\right)_{i,j} = \frac{u_{i,j} - u_{i-1,j}}{h} \quad \cdots\text{後退差分近似} \tag{6.1}$$

$$\left(\frac{\partial u}{\partial x}\right)_{i,j} = \frac{u_{i+1,j} - u_{i,j}}{h} \quad \cdots\text{前進差分近似} \tag{6.2}$$

$$\left(\frac{\partial u}{\partial x}\right)_{i,j} = \frac{u_{i+1,j} - u_{i-1,j}}{2h} \quad \cdots\text{中心差分近似} \tag{6.3}$$

ここで，$(\partial u/\partial x)_{i,j}$ を求めるために，x の小さいほうの格子点の値 $u_{i-1,j}$ を用いる近似を**後退差分近似**，大きいほうの格子点 $u_{i+1,j}$ を用いる近似を**前進差分近似**とよび，さらに，前後の点 $u_{i+1,j}$ と $u_{i-1,j}$ の両方を用いる方法を**中心差分近似**とよんでいる．

図 6.2 に示すように，偏導関数 $(\partial u/\partial x)_{i,j}$ とは，格子座標 (i, j) における関数 u の x 方向への接線の勾配である．よって，中心差分は図の弦 A で，後退差分は弦 B で，そして前進差分は弦 C で，この接線の勾配を近似したものになる．

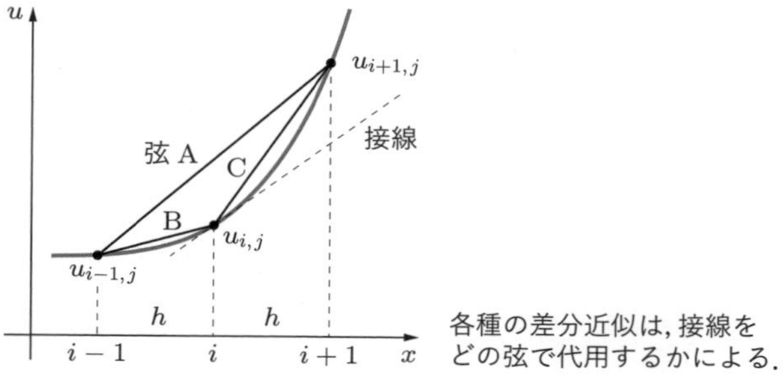

図 6.2 差分近似と接線

また，**2次の偏導関数** $(\partial^2 u/\partial x^2)_{i,j}$ は，1次偏導関数の増分を h で割った値であるから，格子座標 (i,j) と $(i-1,j)$ の前進差分を用いて，次のように表すことができる．

$$\left(\frac{\partial^2 u}{\partial x^2}\right)_{i,j} = \frac{(\partial u/\partial x)_{i,j} - (\partial u/\partial x)_{i-1,j}}{h} = \frac{u_{i+1,j} - 2u_{i,j} + u_{i-1,j}}{h^2} \qquad (6.4)$$

これまでは変数 x のみについて扱ってきたが，関数 $u(x,y)$ は x と y の関数であるので，y 方向の格子の刻みが k であることを除けば，変数 y についても同様の扱いをすることができる．例として，y についての中心差分と2次の偏導関数をとると，次のようになる．後退差分と前進差分は，式 (6.1)，(6.2) から類推できるだろう．

$$\left(\frac{\partial u}{\partial y}\right)_{i,j} = \frac{u_{i,j+1} - u_{i,j-1}}{2k} \qquad (6.5)$$

$$\left(\frac{\partial^2 u}{\partial y^2}\right)_{i,j} = \frac{u_{i,j+1} - 2u_{i,j} + u_{i,j-1}}{k^2} \qquad (6.6)$$

このような変換法によって，偏微分方程式は**差分方程式**という代数方程式に変更することができる．よって，これより後は代数計算になるので，ガウスの連立1次方程式の解法などを用いて解析を進めていくことができる．いままでは2変数の差分近似を取り扱ってきたが，多変数の場合でも同様の扱いができる．

さて，**偏微分方程式**は，**放物型**，**双曲型**，そして**楕円型**の方程式に分類される．以下に，差分法を用いたこれらの取り扱いについて説明を行う．

6.2 放物型偏微分方程式の解法

放物型偏微分方程式は，物体中の熱の伝導状況などを表す方程式として知られている．

▶ 6.2.1 差分近似式への変換

放物型偏微分方程式は，次の形で表現できる．ここで，変数 x, t は，それぞれ距離と時間の変数である場合が多い．

$$\frac{\partial u}{\partial t} = \frac{\partial^2 u}{\partial x^2} \tag{6.7}$$

さて，この方程式を差分方程式に変形するために，x-t 平面に座標 (i, j) を考える．すると，式 (6.2)，(6.4) からただちに次の差分近似式が得られる．

$$\frac{u_{i,j+1} - u_{i,j}}{k} = \frac{u_{i+1,j} - 2u_{i,j} + u_{i-1,j}}{h^2} \tag{6.8}$$

この式を用いて，関数 u が時間経過とともにどのように変化するかを考えよう．すなわち，x に対する u の分布の初期条件 $u_{i,0}$ $(i = 0, 1, \ldots, n)$ がわかっている場合を取り扱う．式 (6.8) を用いて t 軸前進方向（j 方向）の値を計算できるように変形すると，次のようになる．

$$u_{i,j+1} = r(u_{i+1,j} + u_{i-1,j}) + (1 - 2r)u_{i,j} \tag{6.9}$$

ただし，$r = \dfrac{k}{h^2}$

よって，$u_{i,j}$ $(i = 0, 1, \ldots, n)$ がわかっていれば，j 方向に向けて次々に関数値 $u_{i,j+1}$ を計算できる．この方法を**陽解法**とよぶ．放物型偏微分方程式の解法の安定条件は $r < 1/2$ であるので，t 軸と x 軸の刻みの選び方には注意が必要である．

例題 6.1　熱伝導の方程式が $\partial u/\partial \tau = c(\partial^2 u/\partial \chi^2)$ で表されるものとする．図 6.3 に示すように温度が T [°C]，長さが l の金属棒の両端を時間 $\tau = 0$ で 0°C に保つとき，棒の温度分布 $u(\tau, \chi)$ の時間変化はどうなるか．

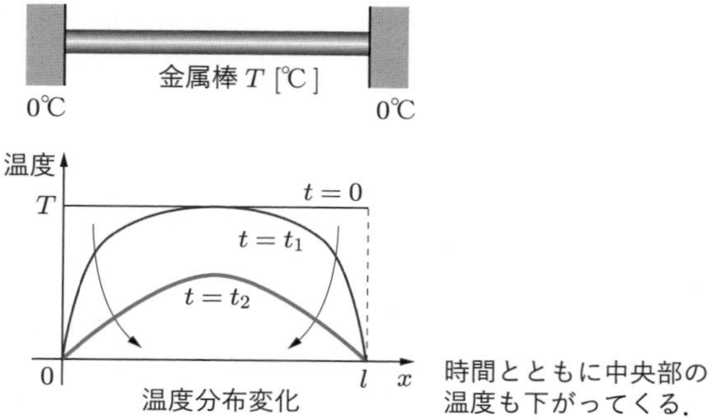

図 6.3　金属棒の温度変化

解　$t = c\tau/l^2$, $x = \chi/l$ という置換を行うと，方程式は式 (6.7) と同じ形になり，また変数 x は，$0 < x < 1$ と無次元化される．よって，差分方程式は式 (6.9) に等しくな

るので，これを解けばよい．金属棒を均一幅で $n+1$ 分割すると，初期条件は $u_{i,0}=1$ $(i=1,\ldots,n-1)$ であり，境界条件は $u_{0,j}=u_{n,j}=0$ である．

▶ 6.2.2 数値計算プログラム

ここでは，放物型偏微分方程式のプログラム例として，例題 6.1 の熱伝導の時間変化についての問題を取り上げる（図 6.4，プログラム 6.1）．まず，金属棒を 20 等分して時間に対する温度変化を考える．棒方向の刻みは $h=1/20$ であり，計算の安定条件は $r=k/h^2<1/2$ であるから，時間の刻みは $k=0.001$ とする．ここで，r や $s\ (=1-2r)$ を計算しておくのは，それ以下の繰り返し演算内でなるべく計算量を少なくするためである．

次に初期条件を与える．以後の計算では境界条件 $u[0]=u[20]=0$ が変わる計算は行っていないので，とくに境界条件を与える必要はない．配列 w は計算結果を一時的に格納するために用いており，一巡の計算が終了すると w に格納された計算結果は u に返されて，また次の繰り返し計算に入る．

打出し部では，計算結果が見やすいように，h は 2 刻み，k は 10 刻みに打ち出すよう，プログラムに工夫がされている．

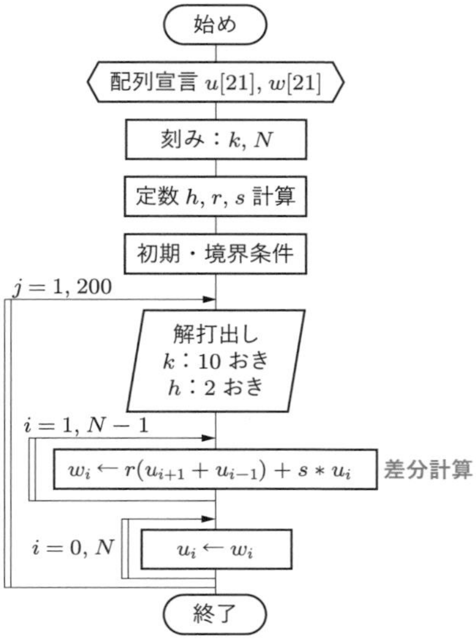

図 6.4 放物型偏微分方程式の解法フローチャート

プログラム 6.1

```
1  //  放物型偏微分方程式
2  
3  #include    <stdio.h>
4  #include    <math.h>
5  
6  #define N   20                                  // 刻み設定
7  
8  int main( int argc, char ** argv ) {
9      double  u[ N+1 ], w[ N+1 ];                 // 配列宣言
10     double  k = 0.001;
11     double  h, r, s;
12 
13     h = 1.0 / (double)N;                        // 定数計算
14     r = k / ( h * h );
15     s = 1.0 - 2.0 * r;
16 
17                                                 // 初期条件, 境界条件格納
18     for( int i=0; i<=N; i++ )
19         w[i] = 0.0;
20     for( int i=1; i<N; i++ )
21         u[i] = 1.0;
22     u[0] = 0.0;
23     u[N] = 0.0;
24 
25                                                 // 解打出し
26     for( int j=1; j<=200; j++ ) {
27         if( ( j % 10 ) == 0 ) {
28             printf( "%5.3lf ", (double)j * k );
29             for( int i=0; i<=N; i+=2 )
30                 printf( "%5.3lf ", u[i] );
31             printf( "¥n" );
32         }
33 
34                                                 // 差分計算
35         for( int i=1; i<N; i++ )
36             w[i] = r * ( u[i+1] + u[i-1] ) + s * u[i];
37                                                 // 差分近似式 式(6.9)
38             // 境界条件w[0]=w[N]=0は不変としているので,
39             // 36行目のfor文ではiの値を1～N-1の範囲で変化させる
40         for( int i=0; i<=N; i++ )
41             u[i] = w[i];                        // 計算値置き換え
42     }
43     return 0;
44 }
```

実行結果 6.1

```
0.010 0.000 0.530 0.857 0.975 0.998 1.000 0.998 0.975 0.857 0.530 0.000
0.020 0.000 0.386 0.689 0.873 0.958 0.981 0.958 0.873 0.689 0.386 0.000
0.030 0.000 0.319 0.589 0.780 0.890 0.924 0.890 0.780 0.589 0.319 0.000
0.040 0.000 0.277 0.519 0.702 0.814 0.852 0.814 0.702 0.519 0.277 0.000
0.050 0.000 0.246 0.464 0.634 0.741 0.778 0.741 0.634 0.464 0.246 0.000
0.060 0.000 0.221 0.418 0.574 0.673 0.707 0.673 0.574 0.418 0.221 0.000
0.070 0.000 0.199 0.378 0.519 0.610 0.641 0.610 0.519 0.378 0.199 0.000
0.080 0.000 0.180 0.342 0.470 0.553 0.581 0.553 0.470 0.342 0.180 0.000
0.090 0.000 0.163 0.310 0.426 0.501 0.526 0.501 0.426 0.310 0.163 0.000
0.100 0.000 0.147 0.280 0.386 0.454 0.477 0.454 0.386 0.280 0.147 0.000
0.110 0.000 0.134 0.254 0.349 0.411 0.432 0.411 0.349 0.254 0.134 0.000
0.120 0.000 0.121 0.230 0.317 0.372 0.391 0.372 0.317 0.230 0.121 0.000
0.130 0.000 0.110 0.208 0.287 0.337 0.354 0.337 0.287 0.208 0.110 0.000
0.140 0.000 0.099 0.189 0.260 0.305 0.321 0.305 0.260 0.189 0.099 0.000
0.150 0.000 0.090 0.171 0.235 0.277 0.291 0.277 0.235 0.171 0.090 0.000
0.160 0.000 0.081 0.155 0.213 0.250 0.263 0.250 0.213 0.155 0.081 0.000
0.170 0.000 0.074 0.140 0.193 0.227 0.239 0.227 0.193 0.140 0.074 0.000
0.180 0.000 0.067 0.127 0.175 0.205 0.216 0.205 0.175 0.127 0.067 0.000
0.190 0.000 0.060 0.115 0.158 0.186 0.196 0.186 0.158 0.115 0.060 0.000
0.200 0.000 0.055 0.104 0.143 0.169 0.177 0.169 0.143 0.104 0.055 0.000
```

6.3 双曲型偏微分方程式の解法

双曲型偏微分方程式は，波動現象や物体の振動などを方程式で表そうとするときに導かれるものである．

▶ 6.3.1 差分近似式への変換

双曲型偏微分方程式は次の形である．ここで，変数 x, t は，放物型偏微分方程式の場合と同様に，それぞれ距離と時間の変数である場合が多い．

$$\frac{\partial^2 u}{\partial t^2} = \frac{\partial^2 u}{\partial x^2} \tag{6.10}$$

この方程式の差分近似式は，式 (6.4)，(6.6) から次のようになる．

$$\frac{u_{i,j+1} - 2u_{i,j} + u_{i,j-1}}{k^2} = \frac{u_{i+1,j} - 2u_{i,j} + u_{i-1,j}}{h^2} \tag{6.11}$$

さて，この式を用いて，関数 u が時間経過とともにどのように変化するかを計算しよう．すなわち，x に対する u の分布の初期条件 $u_{i,0}$ $(i = 0, 1, \ldots, n)$ がわかっている場合を取り扱う．よって，放物型で扱ったのと同様の手順で，この式を t 軸前進方向（j 方向）の値が計算できるように変形する．

$$u_{i,j+1} = r^2(u_{i+1,j} + u_{i-1,j}) + 2(1 - r^2)u_{i,j} - u_{i,j-1} \tag{6.12}$$

ただし，$r = \dfrac{k}{h}$

この式からも明らかなように，初期条件 $u_{i,-1}$，$u_{i,0}$ $(i = 0, 1, \ldots, n)$ がわかっていれば，j 方向に向けて次々に関数値 $u_{i,j+1}$ を計算することができる．この解法の安定条件は，$r < 1$ である．

例題 6.2　弦の振動の方程式が $\partial^2 u/\partial\tau^2 = c^2(\partial^2 u/\partial\chi^2)$ で表されるものとする．図 6.5 に示すように両端固定で長さが l の弦の中央を，時刻 $\tau = 0$ で $u = 0.5$ の位置から放つとき，弦の位置分布 $u(\chi, \tau)$ の時間変化はどうなるか．

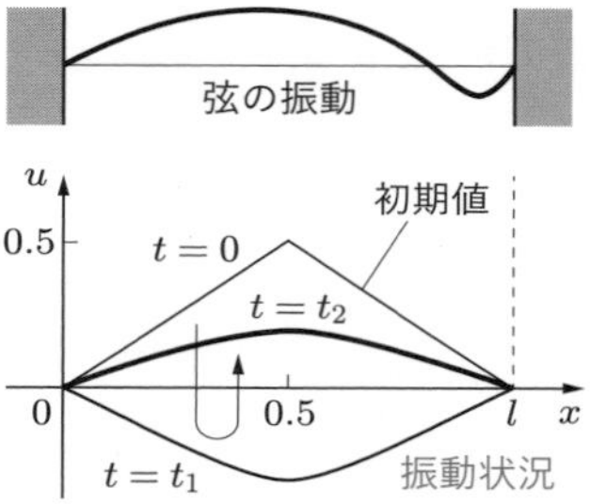

図 6.5　時間経過に対する弦の振動

解　$t = c\tau/l$, $x = \chi/l$ という置換を行うと，方程式は式 (6.10) と同じ形になり，また変数 x は，$0 < x < 1$ と無次元化される．よって，差分方程式は，式 (6.12) に等しくなる．

刻み数：$n = \dfrac{l}{h}$

境界条件：$u_{0,j} = u_{1,j} = 0$

初期条件：$u_{i,0} = \dfrac{i}{n} \quad \left(i = 1, 2, \ldots, \dfrac{n}{2}\right)$

$$u_{i,0} = 1 - \frac{i}{n} \quad \left(i = \frac{n}{2}, \frac{n}{2} + 1, \ldots, n - 1\right)$$

$$u_{i,-1} = u_{i,0} \quad (i = 1, 2, \ldots, n - 1)$$

▶ 6.3.2 数値計算プログラム

双曲型偏微分方程式のプログラム例として，例題 6.2 の弦の振動についての問題を扱う（図 6.6，プログラム 6.2）．まず，弦を長さ方向に 20 等分して時間に対する弦の位置変化を考える．弦の刻みは $h = 1/20$ であり，計算の安定条件は $r = k/h < 1$ であるから，時間の刻みは $k = 0.01$ とする．ここで，r や $s = 2(1 - r^2)$，$q = r^2$ を先に計算しておくのは，それ以下の繰り返し演算内でなるべく計算量を少なくするためである．

次に初期条件を与える．以後の計算では境界条件 $u[0] = u[20] = 0$ が変わる計算は行っていないので，境界条件を与える必要はない．式 (6.12) からも明らかなように，双曲型偏微分方程式では，次の時間の状態を計算するのに，現在の状態と，その前の時間の状態が必要なため，それぞれに配列 $u[21]$, $v[21]$，そして次の時間の状態の配列 $w[21]$ を用いている．打出しは放物型のプログラムと同じである．

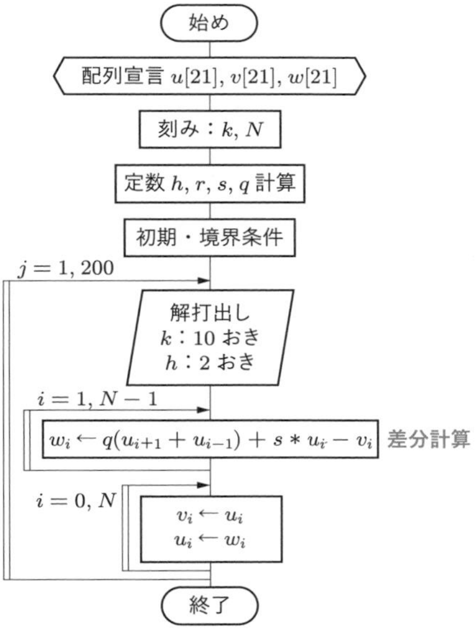

図 6.6 双曲型偏微分方程式の解法フローチャート

プログラム 6.2

```
//  双曲型偏微分方程式

#include    <stdio.h>
#include    <math.h>

```

```
#define N   20                                // 刻み設定

int main( int argc, char **argv ) {
    double  u[ N+1 ], v[ N+1 ], w[ N+1 ];    // 配列宣言
    double  k = .01, h, r, s, q;

    h = 1.0 / (double)N;                      // 定数計算
    r = k / h;
    q = r * r;
    s = 2.0 * ( 1.0 - q );

                                              // 初期条件，境界条件格納
    for( int i=0; i<=N/2; i++ )
        u[ i ] = (double)i / (double)N;
    for( int i=N/2; i<=N; i++ )
        u[ i ] = 1.0 - (double)i / (double)N;
    for( int i=0; i<=N; i++ )
        v[ i ] = u[i];
    for( int i=0; i<=N; i++ )
        w[ i ] = 0.0;

    for( int j=0; j<=200; j++ ) {
        if( ( j % 10 ) == 0 ) {
                                              // 解打出し
            printf( "%5.3lf ", (double)j * k );
            for( int i=0; i<=N; i+=2 )
                printf( "%6.2lf", u[ i ] );
            printf( "¥n" );
        }

                                              // 差分計算
        for( int i=1; i<N; i++ )
            w[ i ] = q * ( u[ i + 1 ] + u[ i - 1 ] ) + s * u[ i ]
                       - v[ i ];              // 差分近似式 式(6.12)
        for( int i=0; i<=N; i++ ) {
                                              // 計算値書き換え
            v[ i ] = u[ i ];
            u[ i ] = w[ i ];
        }
    }
    return 0;
}
```

実行結果 6.2

```
0.000   0.00  0.10  0.20  0.30  0.40  0.50  0.40  0.30  0.20  0.10  0.00
0.100   0.00  0.10  0.20  0.30  0.39  0.39  0.39  0.30  0.20  0.10  0.00
0.200   0.00  0.10  0.20  0.29  0.29  0.30  0.29  0.29  0.20  0.10  0.00
```

```
0.300   0.00  0.10  0.19  0.20  0.20  0.20  0.20  0.20  0.19  0.10  0.00
0.400   0.00  0.09  0.10  0.10  0.09  0.09  0.09  0.10  0.10  0.09  0.00
0.500   0.00  0.00 -0.01 -0.01 -0.00 -0.00 -0.00 -0.01 -0.01  0.00  0.00
0.600   0.00 -0.10 -0.10 -0.10 -0.10 -0.11 -0.10 -0.10 -0.10 -0.10  0.00
0.700   0.00 -0.11 -0.19 -0.21 -0.21 -0.21 -0.21 -0.21 -0.19 -0.11  0.00
0.800   0.00 -0.09 -0.22 -0.29 -0.30 -0.30 -0.30 -0.29 -0.22 -0.09  0.00
0.900   0.00 -0.11 -0.19 -0.31 -0.39 -0.40 -0.39 -0.31 -0.19 -0.11  0.00
1.000   0.00 -0.09 -0.21 -0.29 -0.42 -0.47 -0.42 -0.29 -0.21 -0.09  0.00
1.100   0.00 -0.11 -0.19 -0.30 -0.37 -0.43 -0.37 -0.30 -0.19 -0.11  0.00
1.200   0.00 -0.09 -0.20 -0.28 -0.32 -0.28 -0.32 -0.28 -0.20 -0.09  0.00
1.300   0.00 -0.10 -0.18 -0.22 -0.19 -0.20 -0.19 -0.22 -0.18 -0.10  0.00
1.400   0.00 -0.08 -0.11 -0.09 -0.09 -0.10 -0.09 -0.09 -0.11 -0.08  0.00
1.500   0.00 -0.01  0.01  0.00 -0.00  0.01 -0.00  0.00  0.01 -0.01  0.00
1.600   0.00  0.08  0.10  0.10  0.11  0.10  0.11  0.10  0.10  0.08  0.00
1.700   0.00  0.13  0.18  0.21  0.20  0.21  0.20  0.21  0.18  0.13  0.00
1.800   0.00  0.09  0.22  0.28  0.30  0.30  0.30  0.28  0.22  0.09  0.00
1.900   0.00  0.10  0.19  0.32  0.38  0.40  0.38  0.32  0.19  0.10  0.00
2.000   0.00  0.11  0.20  0.30  0.42  0.46  0.42  0.30  0.20  0.11  0.00
```

6.4 楕円型偏微分方程式の解法

楕円型偏微分方程式は，物体の応力状態や熱平衡状態のような，平衡状態を表す方程式として知られている．

▶ 6.4.1 差分近似式への変換

楕円型偏微分方程式は次の形である．ここで，変数 x, y は，ほかの偏微分方程式の場合とは異なり，いずれも距離の変数である場合が多い．なお，この式は**ポアソンの方程式** (Poisson's equation) とよばれ，とくに $f(x, y) = 0$ のとき，**ラプラスの方程式** (Laplace's equation) とよばれている．

$$\frac{\partial^2 u}{\partial x^2} + \frac{\partial^2 u}{\partial y^2} = f(x, y) \tag{6.13}$$

この方程式の差分をとるときに，x, y 軸方向に同じ刻み h を採用すると，差分近似式は式 (6.4)，(6.6) から次のようになる．

$$\frac{u_{i,j+1} - 2u_{i,j} + u_{i,j-1}}{h^2} + \frac{u_{i+1,j} - 2u_{i,j} + u_{i-1,j}}{h^2} = f_{i,j} \tag{6.14}$$

さて，この式から，関数 $u_{i,j}$ を計算してみよう．すなわち，$u_{i,j}$ が周囲とどのような関係にあるかを計算するのである．

$$u_{i,j} = \frac{1}{4}(u_{i+1,j} + u_{i-1,j} + u_{i,j+1} + u_{i,j-1} - h^2 f_{i,j}) \tag{6.15}$$

よって，境界条件がわかっていれば，おのおのの格子点 (i,j) において式 (6.15) が成り立つから，格子点の数だけ方程式が得られる．

図 6.7 に示すように，一般的な形状の境界をもつ対象を扱うときは，格子座標を作って，境界を近似し，その最外郭点には境界条件で与えられた定数を与え，残りの格子点すべてに差分方程式を立てる．これらを多元連立 1 次方程式の解法で解けば，すべての格子点の状態 $u_{i,j}$ が得られる．

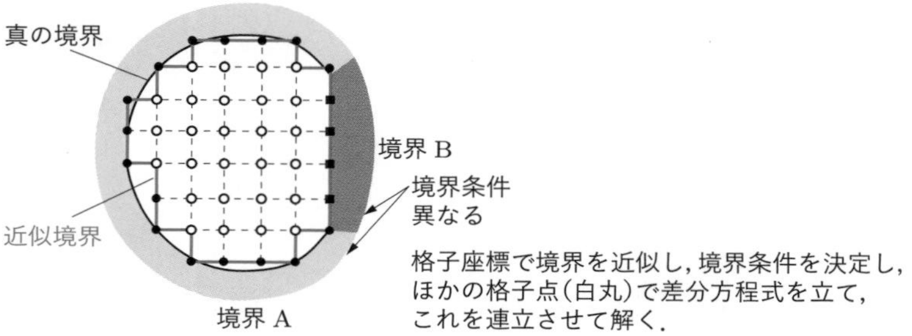

図 6.7 楕円型偏微分方程式の立て方

例題 6.3 熱伝導の方程式が $\partial^2 v/\partial x'^2 + \partial^2 v/\partial y'^2 = 0$ で表されるものとする．図 6.8 のように周囲の長さが l の板の 1 辺を T [°C] に，ほかのすべての辺を 0°C にした場合の板の温度分布 $v(x', y')$ はどうなるか．

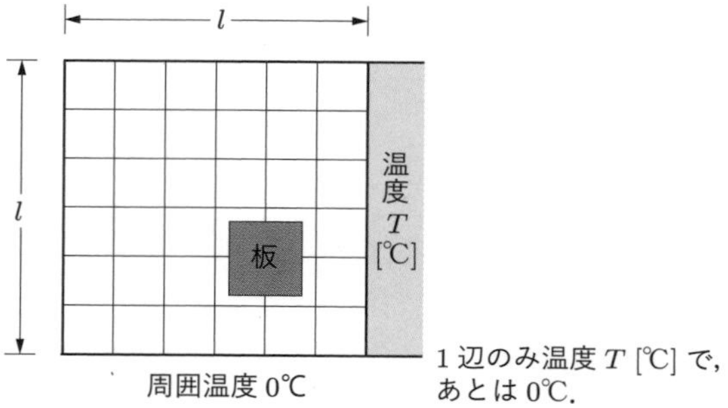

図 6.8 板の温度分布

解 $u = v/T$, $x = x'/l$, $y = y'/l$ という置換をすれば，差分方程式は式 (6.15) で表される．また，刻み数，境界条件は以下のように定める．

$$\text{刻み数}：n = \frac{l}{h}$$

$$\text{境界条件}：u_{0,j} = u_{n,j} = u_{i,0} = 0 \quad (i = 0, 1, 2, \ldots, n,\ j = 0, 1, 2, \ldots, n)$$

$$u_{i,n} = 1 \quad (i = 1, 2, 3, \ldots, n-1)$$

▶ 6.4.2 数値計算プログラム

楕円型偏微分方程式のプログラム例として，例題 6.3 の板の熱平衡についての問題を扱う（図 6.9，プログラム 6.3）．まず，板を縦横それぞれ 10 等分して，それぞれの位置の温度分布を考える．配列 $u(11, 11)$ を温度分布の状態を表す変数と考え，境界条件として $u(i, 10) = 1$ $(i = 1, 2, \ldots, 9)$ を与え，ほかの辺の値を 0 とおく．

さて，1 次式 (6.15) は境界以外の 9×9 箇所すべての格子点で成り立つから，ガウス－ザイデル法を用いて解いていく．ガウス－ザイデル法は収束法だから，収束計算の一巡前の状態を格納して現在の計算結果との差の絶対値を加算し，解が収

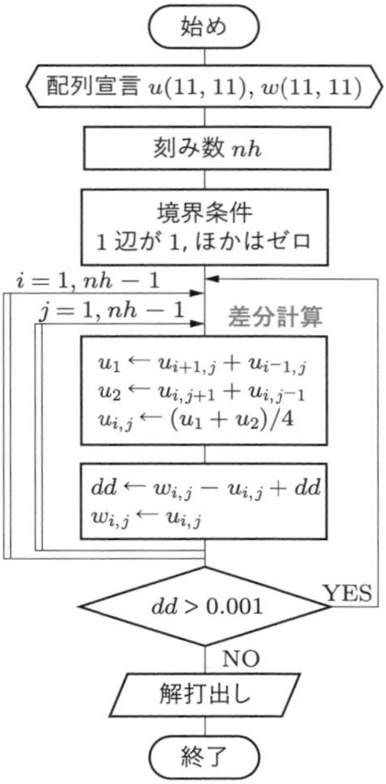

図 6.9 楕円型偏微分方程式の解法フローチャート

束したかの判別 ($dd \leq 0.001$) に使用する．そのために，一巡前の格納場所として $w(11, 11)$ という配列を宣言している．

プログラム 6.3

```
//  楕円型偏微分方程式

#include    <stdio.h>
#include    <math.h>

int main( int argc, char **argv ) {
    double  u[ 11 ][ 11 ], w[ 11 ][ 11 ];       // 配列宣言
    double  dd = 0.0;
    double u1, u2;
    int nh = 10;                               // 刻み

                                               // 初期・境界条件
    for( int i=0; i<nh+1; i++ )
        for( int j=0; j<nh+1; j++ ) {
            u[ i ][ j ] = 0.0;
            w[ i ][ j ] = 0.0;
        }
    for( int i=1; i<nh; i++ )
        u[ i ][ nh ] = 1.0;

                                               // 差分計算（ガウス－ザイデル法）
    do {
        dd = 0.0;
        for( int i=1; i<nh; i++ )
            for( int j=1; j<nh; j++ ) {
                                               // 式(6.15)
                u1 = u[ i + 1 ][ j     ] + u[ i - 1 ][ j     ];
                u2 = u[ i     ][ j + 1 ] + u[ i     ][ j - 1 ];
                u[ i ][ j ] = ( u1 + u2 ) / 4.0;
                dd += fabs( w[ i ][ j ] - u[ i ][ j ] );
                w[ i ][ j ] = u[ i ][ j ];
            }
    } while( dd > 0.001 );

                                               // 解打出し
    for( int i=0; i<=nh; i++ ) {
        for( int j=0; j<=nh; j++ )
            printf( "%6.3lf", u[ i ][ j ] );
        printf( "¥n" );
    }
    return 0;
}
```

実行結果 6.3

```
0.000 0.000 0.000 0.000 0.000 0.000 0.000 0.000 0.000 0.000 0.000
0.000 0.011 0.023 0.038 0.057 0.083 0.120 0.179 0.281 0.489 1.000
0.000 0.021 0.044 0.072 0.107 0.154 0.220 0.314 0.456 0.675 1.000
0.000 0.029 0.060 0.098 0.145 0.207 0.290 0.402 0.554 0.754 1.000
0.000 0.034 0.071 0.114 0.169 0.239 0.331 0.450 0.602 0.789 1.000
0.000 0.035 0.074 0.120 0.177 0.250 0.344 0.465 0.617 0.799 1.000
0.000 0.034 0.071 0.114 0.169 0.239 0.331 0.450 0.602 0.789 1.000
0.000 0.029 0.060 0.098 0.145 0.207 0.290 0.402 0.554 0.754 1.000
0.000 0.021 0.044 0.072 0.107 0.154 0.220 0.314 0.456 0.675 1.000
0.000 0.011 0.023 0.038 0.057 0.083 0.120 0.179 0.281 0.489 1.000
0.000 0.000 0.000 0.000 0.000 0.000 0.000 0.000 0.000 0.000 0.000
```

演習問題

6.1 次の放物型偏微分方程式を，下記の条件で解け．

$$\frac{\partial u}{\partial t} = \frac{\partial^2 u}{\partial x^2}$$

初期条件：$t = 0$，$0 < x < 1$ で $u = 1$

境界条件：$t > 0$，$x = 0, 1$ で $u = 0$

ただし，刻みは $h = 1/4$, $k = 1/32$ を用いよ．

6.2 次の双曲型偏微分方程式を，下記の条件で解け．

$$\frac{\partial^2 u}{\partial t^2} = \frac{\partial^2 u}{\partial x^2}$$

初期条件：$t = 0$，$0 < x < 1$ で $u = \sin(\pi x)$, $\partial u/\partial t = 0$

境界条件：$t > 0$，$x = 0, 1$ で $u = 0$

ただし，刻みは $h = 1/4$, $k = 1/32$ を用いよ．

6.3 次の楕円型偏微分方程式を，下記の条件で解け．

$$\frac{\partial^2 u}{\partial x^2} + \frac{\partial^2 u}{\partial y^2} = 2$$

境界条件：$u(0, y) = u(1, y) = u(x, 0) = u(x, 1) = 0$

ただし，刻みは $h = 1/10$ を用いよ．

7章 逆行列と固有値

コンピュータで行われる科学技術計算の 9 割以上が，行列（マトリックス）の演算であるといわれている．いままで扱った多元連立 1 次方程式も，偏微分方程式も，コンピュータ内ではすべて行列の演算に置き換えられて取り扱われている．スーパーコンピュータはこの行列演算の専用機といってよい．この行列の演算の中でとくに重要な，逆行列の求め方，行列の固有値・固有ベクトルの求め方の基礎についての解説を行う．

7.1 逆行列

ある行列に乗算を行ったとき，その結果が単位行列になるような行列を逆行列とよぶ．これは行列の計算途中にしばしば現れる．

▶ 7.1.1 逆行列について

正方行列 $[A]$ に同じ行・列数の正方行列 $[B]$ をかけたとき，その結果が**単位行列** $[I]$ になるような行列 $[B]$ を $[A]$ の**逆行列**とよび，$[A]^{-1}$ で表す．ここで，$[I]$ は対角要素がすべて 1 で，あとは 0 であるような行列を表す．

$$[A][A]^{-1} = [A]^{-1}[A] = [I] \tag{7.1}$$

逆行列は，**随伴行列**とよばれる部分行列を用いて簡単に求められる．しかし，ここでは逆行列の概念を知るために，次の行列 $[A]$ について，一般の演算を用いて逆行列 $[A]^{-1}$ を求めてみよう．

$$[A] = \begin{bmatrix} 3 & 2 \\ 5 & -1 \end{bmatrix}, \qquad [A]^{-1} = \begin{bmatrix} a_{11} & a_{12} \\ a_{21} & a_{22} \end{bmatrix} \tag{7.2}$$

この行列を式 (7.1) に代入すると，次のようになる．

$$\begin{bmatrix} 3 & 2 \\ 5 & -1 \end{bmatrix}\begin{bmatrix} a_{11} & a_{12} \\ a_{21} & a_{22} \end{bmatrix} = \begin{bmatrix} 1 & 0 \\ 0 & 1 \end{bmatrix} \tag{7.3}$$

この式の左右の行列の各要素を比較すると，次の関係が得られる．

$$\left.\begin{array}{ll} 3a_{11}+2a_{21}=1, & 3a_{12}+2a_{22}=0 \\ 5a_{11}-\ \ a_{21}=0, & 5a_{12}-\ \ a_{22}=1 \end{array}\right\} \tag{7.4}$$

よって，この方程式を解くことによって，逆行列 $[A]^{-1}$ の要素 a_{ij} を求めることができる．

$$[A]^{-1}=\begin{bmatrix} a_{11} & a_{12} \\ a_{21} & a_{22} \end{bmatrix}=\begin{bmatrix} 1/13 & 2/13 \\ 5/13 & -3/13 \end{bmatrix} \tag{7.5}$$

ここで，逆行列の理解を深めるために，次の 2 元連立 1 次方程式を解くことを考えよう．

$$\left.\begin{array}{l} 3x_1+2x_2=7 \\ 5x_1-\ \ x_2=3 \end{array}\right\} \tag{7.6}$$

上式を行列で表現すると，次のようになる．

$$[A][x]=[C] \tag{7.7}$$

$$[A]=\begin{bmatrix} 3 & 2 \\ 5 & -1 \end{bmatrix},\quad [C]=\begin{bmatrix} 7 \\ 3 \end{bmatrix},\quad [x]=\begin{bmatrix} x_1 \\ x_2 \end{bmatrix} \tag{7.8}$$

ここで，上式の両辺に行列 $[A]$ の逆行列 $[A]^{-1}$ をかけると，$[A]^{-1}[A]$ は単位行列 $[I]$ になるので，次のようになる．

$$[I][x]=[A]^{-1}[C] \tag{7.9}$$

この逆行列 $[A]^{-1}$ はすでに式 (7.5) で求めてあるので，上式に代入すると

$$\begin{bmatrix} 1 & 0 \\ 0 & 1 \end{bmatrix}\begin{bmatrix} x_1 \\ x_2 \end{bmatrix}=\begin{bmatrix} 1/13 & 2/13 \\ 5/13 & -3/13 \end{bmatrix}\begin{bmatrix} 7 \\ 3 \end{bmatrix} \tag{7.10}$$

が得られる．この式を行列の演算をして簡単にすれば，次のようになる．

$$\begin{bmatrix} x_1 \\ x_2 \end{bmatrix}=\begin{bmatrix} 1 \\ 2 \end{bmatrix} \tag{7.11}$$

よって，方程式 (7.6) の解は $x_1=1$, $x_2=2$ となる．

一般に，多元連立 1 次方程式の係数行列の逆行列を計算し，これに定数列をかけると，方程式の解がただちに求められる．逆行列はこのような問題だけでなく，**マトリックス演算**（行列演算）の多くに使用されている．

7.1.2　逆行列の求め方

前項では 2 行 2 列の正方行列を取り扱ったが，n 行 n 列の行列でも取り扱いは同じである．いま，3 行 3 列の正方行列 $[A]$ の行列要素を a_{ij} とし，その逆行列 $[A]^{-1}$ の要素を x_{ij} とすると，$[A][A]^{-1} = [I]$ は次のようになる．

$$\begin{bmatrix} a_{11} & a_{12} & a_{13} \\ a_{21} & a_{22} & a_{23} \\ a_{31} & a_{32} & a_{33} \end{bmatrix} \begin{bmatrix} x_{11} & x_{12} & x_{13} \\ x_{21} & x_{22} & x_{23} \\ x_{31} & x_{32} & x_{33} \end{bmatrix} = \begin{bmatrix} 1 & 0 & 0 \\ 0 & 1 & 0 \\ 0 & 0 & 1 \end{bmatrix} \tag{7.12}$$

この行列を分解すると，図 7.1 のように n 個の n 元連立 1 次方程式になる．よって，逆行列 $[A]^{-1}$ を求めるということは，これらの方程式を同時に解くことと同じになるので，第 2 章で述べたガウス－ジョルダン法で逆行列 $[A]^{-1}$ の要素 x_{ij} を求めることを考えよう．

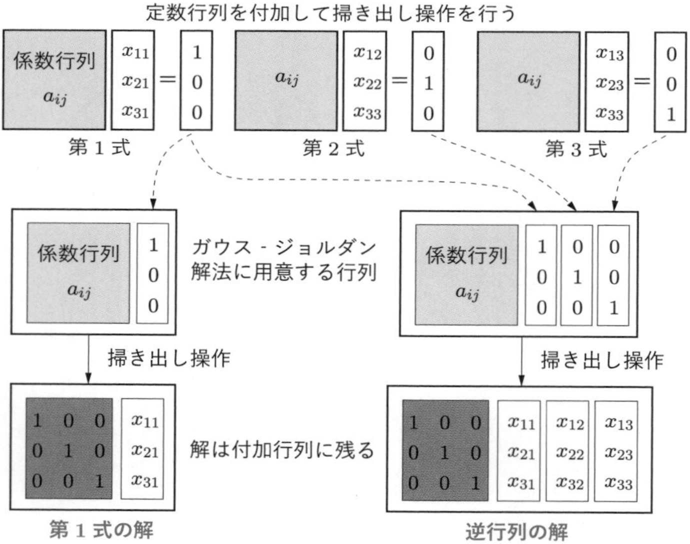

図 7.1　逆行列の求め方

この図の左に示すように，ガウス－ジョルダン法で上の第 1 式を解くには，まず定数列を係数行列に付加する．そして掃き出し処理を行うと，その結果として，解 (x_{11}, x_{21}, x_{31}) は定数列に残される．

したがって，同図右のように，行列 $[A]$ の要素 a_{ij} の右横に単位行列 $[I]$ を書き込んで，$[A]$ の**付加行列**を作り，次に，a_{ii} をピボット数として掃き出していけば，最終的に単位行列の書き込まれた位置に逆行列 $[A]^{-1}$ が残されることになる.

例題 7.1　正方行列 $[A], [B]$ の積の交換則は，$[A] = [B]^{-1}$ のときは成立するが，一般には成り立たない．この具体的な例を示せ．

解　$[A] = \begin{bmatrix} 0 & 1 \\ 2 & 3 \end{bmatrix}$, $[B] = \begin{bmatrix} 3 & 0 \\ 2 & 1 \end{bmatrix}$ という行列の積をとると，

$$[A][B] = \begin{bmatrix} 0+2 & 0+1 \\ 6+6 & 0+3 \end{bmatrix} = \begin{bmatrix} 2 & 1 \\ 12 & 3 \end{bmatrix}$$

同様に，$[B][A] = \begin{bmatrix} 0 & 3 \\ 2 & 5 \end{bmatrix}$

となる．よって，$[A][B] \neq [B][A]$ である．

▶ 7.1.3　逆行列計算プログラム

逆行列計算のプログラム（図 7.2，プログラム 7.1）は，第 2 章のガウス－ジョルダン法のプログラムと本質的に同じである．ただし，逆行列の計算では係数行列に単位行列を付加するので，扱う行列は次のように n 行 $\times$ $2n$ 列になる．

$$\begin{bmatrix} a_{11} & a_{12} & \cdots & a_{1n} & 1 & 0 & \cdots & 0 \\ a_{21} & a_{22} & \cdots & a_{2n} & 0 & 1 & \cdots & 0 \\ \vdots & \vdots & \ddots & \vdots & \vdots & \vdots & \ddots & \vdots \\ a_{n1} & a_{n2} & \cdots & a_{nn} & 0 & 0 & \cdots & 1 \end{bmatrix} \tag{7.13}$$

プログラムの最初に，扱う行列の次数と許容誤差範囲を指定し，行列の要素 a_{ij} を与える．次に配列の宣言 $b[N][2N]$ を行い，この配列の左側に係数行列を，右側に単位行列を挿入する．

その後の処理は，ガウス－ジョルダン法による連立 1 次方程式の解法と同じであるが，掃き出し処理を $2N$ 列まで行っている点が異なる．結果は配列 b の右半分に残るので，これを打ち出して終了している．

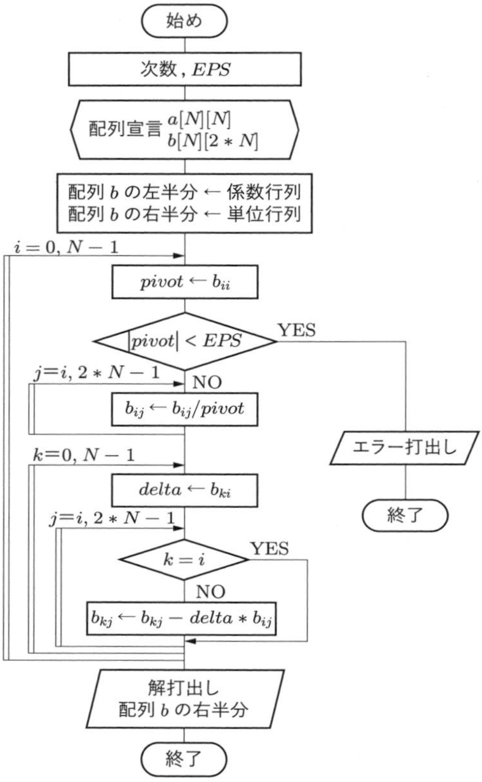

図 7.2 逆行列計算のフローチャート

プログラム 7.1

```
//  逆行列の計算

#include    <stdio.h>
#include    <math.h>

#define N   3        // 次数設定
#define EPS 0.00001 // 許容誤差

int main( int argc, char **argv ) {
    double  a[N][N] = {                     // 配列宣言
        { 2.0, 1.0, 3.0 },
        { 1.0, 3.0, 2.0 },
        { 3.0, 2.0, 1.0 }
    };                  // 係数行列

```

```
    double  b[N][2*N];
    double  pivot, delta;

                        // 配列 b の左半分：係数行列，右半分：単位行列
    for( int y=0; y<N; y++ ) {
        for( int x=0; x<N; x++ ) {
            b[ y ][ x     ] = a[ y ][ x ];
            b[ y ][ x + N ] = 0.0;
        }
        b[ y ][ y + N ] = 1.0;
    }

                        // 掃き出し計算部
    for( int i=0; i<N; i++ ) {
        pivot = b[ i ][ i ];
        if( fabs( pivot ) < EPS ) {                   // エラー打出し
            printf( "ピボットが許容誤差以下¥n" );
            return 1;
        }

        for( int j=1; j<2*N; j++ )
            b[ i ][ j ] /= pivot;
        for( int k=0; k<N; k++ ) {
            delta = b[ k ][ i ];
                        // 配列 b をすべて掃き出す操作
            for( int j=i; j<2*N; j++ )
                if( k != i )
                    b[ k ][ j ] -= delta * b[ i ][ j ];
        }
    }

                        // 解打出し部，配列 b の右半分が解答
    for( int y=0; y<N; y++ ) {
        for( int x=N; x<2*N; x++ )
            printf( "%7.3lf ", b[ y ][ x ] );
        printf( "¥n" );
    }
    return 0;
}
```

実行結果 7.1

```
  0.056  -0.278   0.389
 -0.278   0.389   0.056
  0.389   0.056  -0.278
```

7.2 固有値と固有ベクトル

たとえば，多くの振動体が結合しているとき，その系にはいくつかの共振周波数が生まれる．その値は**固有値**とよばれ，個々に立てた方程式群の係数行列がもつ特有の値になる．

▶ 7.2.1 固有値について

固有値の概念を知るために，次の**同次方程式**を考えよう．

$$\left.\begin{aligned} 3x_1 - x_2 &= \lambda x_1 \\ -x_1 + x_2 &= 2\lambda x_2 \end{aligned}\right\} \quad (\lambda：実数) \tag{7.14}$$

この方程式が表す工学的な意味は後で検討することにして，上式を行列で表現すると次のようになる．行列 $[B]$, $[C]$ とも対角成分に対して対称な行列となり，これを**対称行列**とよぶ．

$$[B][x] = \lambda[C][x] \tag{7.15}$$

$$[B] = \begin{bmatrix} 3 & -1 \\ -1 & 1 \end{bmatrix}, \quad [C] = \begin{bmatrix} 1 & 0 \\ 0 & 2 \end{bmatrix}, \quad [x] = \begin{bmatrix} x_1 \\ x_2 \end{bmatrix} \tag{7.16}$$

さて，行列 (7.15) に $[C]$ の逆行列 $[C]^{-1}$ を乗算すると，

$$[C]^{-1}[B][x] = \lambda[x] \tag{7.17}$$

となることは前節ですでに述べた．ここで，$[C]^{-1}[B]$ を演算して $[A]$ とおくと，次のようになる．

$$[A] = [C]^{-1}[B] = \begin{bmatrix} 1 & 0 \\ 0 & 1/2 \end{bmatrix}\begin{bmatrix} 3 & -1 \\ -1 & 1 \end{bmatrix} = \begin{bmatrix} 3 & -1 \\ -1/2 & 1/2 \end{bmatrix} \tag{7.18}$$

このような手続きによって，式 (7.17) は次のような標準的な式に変形されることがわかるだろう．しかし，$[A]$ は対称行列ではなくなる．

$$[A][x] = \lambda[x] \tag{7.19}$$

この同次方程式を満足する λ を，行列 $[A]$ の**固有値**とよぶ．それを求めるために，まず右辺の項を移行して $[x]$ でまとめると，次の式が得られる．

$$([A] - \lambda[I])[x] = 0 \tag{7.20}$$

当然のことながら $[x]$ は式 (7.14) の解であり，値をもっているはずだから各要素は 0 ではない．よって，上式の係数行列の行列式は 0 でなければならない．

$$\big|[A]-\lambda[I]\big| = 0 \tag{7.21}$$

この式に式 (7.18) を代入して，実際に解いてみると次のようになる．

$$\begin{aligned}\big|[A]-\lambda[I]\big| &= \left|\begin{bmatrix} 3 & -1 \\ -1/2 & 1/2 \end{bmatrix} - \lambda\begin{bmatrix} 1 & 0 \\ 0 & 1 \end{bmatrix}\right| = \begin{vmatrix} 3-\lambda & -1 \\ -1/2 & 1/2-\lambda \end{vmatrix} \\ &= \lambda^2 - \frac{7}{2}\lambda + 1 = 0 \end{aligned} \tag{7.22}$$

よって，2 根 λ_1, λ_2 が求められ，それぞれに対して x_1, x_2 の値の比が求められる．これら 2 根に対する x_1, x_2 を，$(x_{11}, x_{21}), (x_{12}, x_{22})$ とすれば，

$$\left.\begin{array}{ll} \lambda_1 = 0.314, & \lambda_2 = 3.186 \\ \dfrac{x_{21}}{x_{11}} = 2.686, & \dfrac{x_{22}}{x_{12}} = -0.186 \end{array}\right\} \tag{7.23}$$

が得られる．このように，行列 $[A]$ に関する方程式 (7.20) が与えられたとき，その方程式を**固有方程式**とよび，その根 λ_1, λ_2 を行列 $[A]$ の**固有値**，その固有値に対応する解 $[x]$ を行列 $[A]$ の**固有ベクトル**とよぶ．

ところで，いま扱っている方程式は 2 元連立 1 次方程式であるので，行列 $[A]$ は 2 行 2 列の行列になり，式 (7.22) は λ についての 2 次式になるが，$[A]$ が n 次の正方行列の場合には n 次式になる．

さて，ここまで扱ってきた式の物理的な意味を調べるために，次の例題を考えてみよう．

例題 7.2　図 7.3 のように，質量が m と $2m$ の 2 質点が，ばね定数が $2k$ と k のばねで直列に支えられた自由振動系において，固有振動数と各質点の最大振幅の比を求めよ．

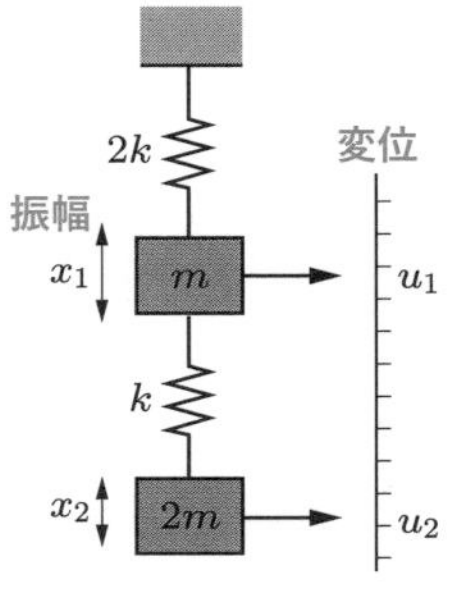

図 7.3　2 質点の自由振動系の動き

解 各質点の変位を u_1, u_2 とする．各質点の力の平衡方程式は (外力 $=$ 質量 $\times$ 加速度) で表されるから，次の式が成り立つ．

$$\left.\begin{aligned} -2ku_1 + k(u_2 - u_1) &= m\frac{d^2u_1}{dt^2} \\ -k(u_2 - u_1) &= 2m\frac{d^2u_2}{dt^2} \end{aligned}\right\}$$

各質点は最大振幅が x_1, x_2 で，角周波数 ω の振動をするものと仮定して，

$$u_1 = x_1 \sin(\omega t), \quad u_2 = x_2 \sin(\omega t)$$

を平衡方程式に代入すると，

$$\left.\begin{aligned} -2x_1 + (x_2 - x_1) &= -\frac{m\omega^2}{k}x_1 \\ -(x_2 - x_1) &= -2\frac{m\omega^2}{k}x_2 \end{aligned}\right\}$$

となる．よって，無次元化された振動数として，$\lambda = m\omega^2/k$ とおくと，すでに式 (7.14) で例として示した 2 元連立 1 次方程式になる．よって，この例題の場合は，**固有値の平方根は系の無次元化共振周波数**を表し，質点の**最大振幅の比が固有ベクトル**に現れてくる．

例題 7.3　m, $2m$, $3m$ という 3 つの質点が，ばね定数 $3k$, $2k$, k というばねで，天井から順次直列につり下げられている振動系において，共振周波数とそのときの各質点の最大振幅比を求めよ．

解 各質点での力の平衡方程式を立てると，次の式が成り立つ．

$$\left.\begin{aligned} -3ku_1 + 2k(u_2 - u_1) \qquad\qquad\qquad &= m\frac{d^2u_1}{dt^2} \\ -2k(u_2 - u_1) + k(u_3 - u_2) &= 2m\frac{d^2u_2}{dt^2} \\ -k(u_3 - u_2) &= 3m\frac{d^2u_3}{dt^2} \end{aligned}\right\}$$

ここで，$u_1 = x_1 \sin(\omega t)$, $u_2 = x_2 \sin(\omega t)$, $u_3 = x_3 \sin(\omega t)$ を代入し，$\lambda = m\omega^2/k$ とおくと，次のようになる．

$$[B][x] = \lambda[C][x]$$

$$[B] = \begin{bmatrix} 5 & -2 & 0 \\ -2 & 3 & -1 \\ 0 & -1 & 1 \end{bmatrix}, \quad [C] = \begin{bmatrix} 1 & 0 & 0 \\ 0 & 2 & 0 \\ 0 & 0 & 3 \end{bmatrix}, \quad [x] = \begin{bmatrix} x_1 \\ x_2 \\ x_3 \end{bmatrix}$$

ところで，$[C]$ の逆行列 $[C]^{-1}$ を計算すると次のようになる．

$$[C]^{-1} = \begin{bmatrix} 1 & 0 & 0 \\ 0 & 2 & 0 \\ 0 & 0 & 3 \end{bmatrix}^{-1} = \begin{bmatrix} 1 & 0 & 0 \\ 0 & 1/2 & 0 \\ 0 & 0 & 1/3 \end{bmatrix}$$

よって，$\left|[C]^{-1}[B] - \lambda[I]\right| = 0$ を作ると，

$$\left| \begin{bmatrix} 1 & 0 & 0 \\ 0 & 1/2 & 0 \\ 0 & 0 & 1/3 \end{bmatrix} \begin{bmatrix} 5 & -2 & 0 \\ -2 & 3 & -1 \\ 0 & -1 & 1 \end{bmatrix} - \lambda \begin{bmatrix} 1 & 0 & 0 \\ 0 & 1 & 0 \\ 0 & 0 & 1 \end{bmatrix} \right|$$

$$= -\begin{vmatrix} \lambda - 5 & 2 & 0 \\ 1 & \lambda - 3/2 & 1/2 \\ 0 & 1/3 & \lambda - 1/3 \end{vmatrix} = \lambda^3 - \frac{41}{6}\lambda^2 + \frac{15}{2}\lambda - 1 = 0$$

となる．この方程式から固有値 λ_1, λ_2, λ_3 と，それぞれの固有ベクトル x_1, x_2, x_3 が得られる．

$$\begin{aligned} \lambda_1 &= 0.155, & \lambda_2 &= 1.175, & \lambda_3 &= 5.504 \\ x_1 &= 0.221, & x_1 &= 0.523, & x_1 &= 1.000 \\ x_2 &= 0.536, & x_2 &= 1.000, & x_2 &= -0.252 \\ x_3 &= 1.000, & x_3 &= -0.396, & x_3 &= 0.016 \end{aligned}$$

▶ 7.2.2 固有方程式

さて，式 (7.17) では，逆行列 $[C]^{-1}$ を式の両辺にかけることによって，標準的な行列 $[A][x] = \lambda[x]$ に変形した．ところで，行列 $[B]$, $[C]$ が対称行列であっても，行列 $[A] = [C]^{-1}[B]$ は，一般には対称行列にならない．

しかし，次節でも用いられるように，数学的扱いの上では $[A]$ が対称行列であることが望ましいので，式 (7.20) の行列 $[A]$ が対称行列になるような変換をしよう．

図 7.4 に示したように，$[C] = [C]^{1/2}[C]^{1/2}$ に分けることができ，また，逆行列の関係から $[C]^{1/2}[C]^{-1/2} = [I]$ であるので，式 (7.15) の関係 ($[B][x] = \lambda[C][x]$) は，次のように変形できる．

$$[B]([C]^{-1/2}[C]^{1/2})[x] = \lambda([C]^{1/2}[C]^{1/2})[x] \tag{7.24}$$

この両辺に逆行列 $[C]^{-1/2}$ をかけると，次の式が得られる．

$$[C]^{-1/2}[B][C]^{-1/2}[C]^{1/2}[x] = \lambda[C]^{1/2}[x] \tag{7.25}$$

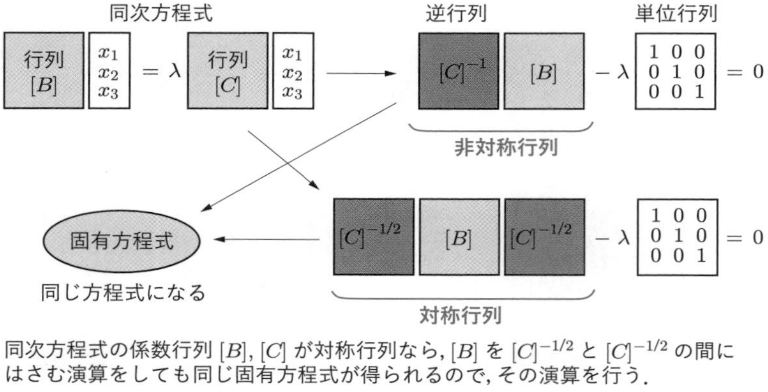

図 7.4　行列と逆行列と固有方程式の関係

ここで,

$$[C]^{-1/2}[B][C]^{-1/2} = [A] \tag{7.26}$$

$$[C]^{1/2}[x] = [y] \tag{7.27}$$

という置換を行うと，式 (7.25) は式 (7.19) と同じ形になる.

$$[A][y] = \lambda[y] \tag{7.28}$$

ただし，このようなことができるのは，[C] が対称行列の場合に限られる.

さて，この変換によって，[A] は対称行列に変換されるのだろうか．これを調べるために，式 (7.16) の係数行列 [B], [C] を用いて [A] を計算すると，

$$[A] = [C]^{-1/2}[B][C]^{-1/2} = \begin{bmatrix} 1 & 0 \\ 0 & 1/\sqrt{2} \end{bmatrix} \begin{bmatrix} 3 & -1 \\ -1 & 1 \end{bmatrix} \begin{bmatrix} 1 & 0 \\ 0 & 1/\sqrt{2} \end{bmatrix}$$
$$= \begin{bmatrix} 3 & -1/\sqrt{2} \\ -1/\sqrt{2} & 1/2 \end{bmatrix} \tag{7.29}$$

となって，確かに対称行列 [A] が得られるが，式 (7.18) とだいぶ異なってしまう．しかし，この行列 [A] を用いて式 (7.21) を解くと，

$$\big|[A] - \lambda[I]\big| = \begin{vmatrix} 3-\lambda & -1/\sqrt{2} \\ -1/\sqrt{2} & 1/2-\lambda \end{vmatrix} = \lambda^2 - \frac{7}{2}\lambda + 1 = 0 \tag{7.30}$$

のように式 (7.22) と同じ方程式になるので，固有値は同じになる．ただし，この方程式から得られる固有ベクトルは，式 (7.27) で変換された値 [y] である．式 (7.26)

を係数行列 $[A]$ とする同次方程式は,

$$\left.\begin{aligned} 3y_1 - \frac{1}{\sqrt{2}}y_2 &= \lambda y_1 \\ -\frac{1}{\sqrt{2}}y_1 \quad + \frac{1}{2}y_2 &= \lambda y_2 \end{aligned}\right\} \tag{7.31}$$

であるから，ここに固有値 $\lambda_1 = 3.186$, $\lambda_2 = 0.314$ を代入すると，固有ベクトルの比として，それぞれ $y_{21}/y_{11} = -0.263$, $y_{22}/y_{12} = 3.799$ が得られる.

ところで，固有ベクトルは比の関係だけが定められているので，自由に値を決められる．よって，次のような対称行列としての値をとることも可能である.

$$[y] = \begin{bmatrix} y_{11} & y_{12} \\ y_{21} & y_{22} \end{bmatrix} = \begin{bmatrix} 0.967 & -0.255 \\ -0.255 & -0.967 \end{bmatrix} \tag{7.32}$$

この固有ベクトルからなる行列 $[y]$ の行と列を入れ換えた行列を $[y]^T$ とすると,

$$[y][y]^T = \begin{bmatrix} 0.967 & -0.255 \\ -0.255 & -0.967 \end{bmatrix}\begin{bmatrix} 0.967 & -0.255 \\ -0.255 & -0.967 \end{bmatrix} = \begin{bmatrix} 1 & 0 \\ 0 & 1 \end{bmatrix} \tag{7.33}$$

となり，$[y]$ と $[y]^T$ との積は単位行列になる．このような性質をもつ行列を直交行列とよぶ．式 (7.28) の $[A]$ が対称行列のとき，得られる固有ベクトルからなる行列は，必ず直交行列で表現することができる.

この解行列 $[y]$ に $[C]^{-1/2}$ をかけて，式 (7.15) の固有ベクトル $[x]$ を求める.

$$\begin{aligned} [x] = \begin{bmatrix} x_{11} & x_{12} \\ x_{21} & x_{22} \end{bmatrix} = [C]^{-1/2}[y] &= \begin{bmatrix} 1 & 0 \\ 0 & 1/\sqrt{2} \end{bmatrix}\begin{bmatrix} 0.967 & -0.255 \\ -0.255 & -0.967 \end{bmatrix} \\ &= \begin{bmatrix} 0.967 & -0.255 \\ -0.180 & -0.684 \end{bmatrix} \end{aligned} \tag{7.34}$$

ここで，固有ベクトルの比を求めると，λ_1, λ_2 に対して，それぞれ

$$\frac{x_{21}}{x_{11}} = -0.186, \quad \frac{x_{22}}{x_{12}} = 2.686$$

となり，式 (7.23) と一致していることがわかるだろう.

▶ 7.2.3 ヤコビ法

ヤコビ法 (Jacobi method) は，対称行列の**対角化演算**というものを反復することによって，固有値と固有ベクトルを同時に求める手法である．計算量は多くなるが，プログラムのアルゴリズムが簡単であり，計算機に適した手法である.

ヤコビ法の手順を導くにあたって，まず，係数行列 $[A]$ が 2 行 2 列の対称行列である次のような同次方程式を考えよう．

$$[A][y] = \lambda[y] \tag{7.35}$$

この方程式から得られる複数個の固有値と，それぞれの固有ベクトルの組は，すべて上式を満足する．これを式で一度に表現すると次のようになる．

$$\left.\begin{aligned} &[A][M] = [M][D] \\ &[M] = \begin{bmatrix} y_{11} & y_{12} \\ y_{21} & y_{22} \end{bmatrix}, \quad [D] = \begin{bmatrix} \lambda_1 & 0 \\ 0 & \lambda_2 \end{bmatrix} \end{aligned}\right\} \tag{7.36}$$

さて，前項で述べたように，固有ベクトルからなる行列は直交行列である．よって，$[M]^T[M] = [I]$ が成り立つ．ところで逆行列とは，$[M]^{-1}[M] = [I]$ という関係だから，直交行列では次の関係が成り立つ．

$$[M]^T = [M]^{-1} \tag{7.37}$$

これを式 (7.36) の両辺に左からかけると，次のような関係式が得られる．

$$[M]^T[A][M] = [D] \tag{7.38}$$

この右辺 $[D]$ は，固有値 λ が対角線上に並んだ対角行列になっている．よって，左辺の行列 $[U]^T[A][U]$ が対角行列になるように未知行列 $[U]$ を選べば，そのときの $[U]$ が固有ベクトルからなる行列であり，固有値は $[U]^T[A][U]$ の対角要素になる．

その手順として，行列 $[A]$ の非対角要素の 1 つずつが 0 になるような直交行列 $[R_i]$ $(i = 1, 2, \ldots, n)$ を，次式のように次々に $[A]$ にかけていくと，

$$[A_n] = ([R_n]^T(\cdots([R_2]^T([R_1]^T[A][R_1])[R_2])\cdots)[R_n]) \tag{7.39}$$

となり，最終的に $[A]$ は対角行列に収束するだろう．上式は

$$[A_n] = ([R_n]^T \cdots [R_2]^T[R_1]^T)[A]([R_1][R_2]\cdots[R_n]) \tag{7.40}$$

と書けるので，式 (7.38) と比較すると明らかなように，

$$\begin{aligned} &[M] \leftarrow [U_n] = [R_1][R_2]\cdots[R_n] \\ &[D] \leftarrow [A_n] = ([R_n]^T \cdots [R_2]^T[R_1]^T)[A]([R_1][R_2]\cdots[R_n]) \end{aligned} \tag{7.41}$$

に収束する．よって，固有値は演算後の $[A_n]$ の対角要素として得られ，固有ベクトルは $[U_n]$ の行列に得られる．

次に考えることは，$[A]$ の**非対角要素**を 0 とする直交行列 $[R]$ の求め方である．それには，次の行列が用意されている．

$$[R] = \begin{bmatrix} 1 & 0 & \cdots & \cdots & \cdots & \cdots & 0 & 0 \\ 0 & 1 & \cdots & \cdots & & & \cdots & 0 \\ 0 & \cdots & \cos\theta & \cdots & \cdots & \sin\theta & \cdots & 0 \\ & & & 1 & & & & \\ & & & & 1 & & & \\ 0 & \cdots & -\sin\theta & \cdots & & \cos\theta & \cdots & 0 \\ 0 & 0 & 0 & \cdots & & 0 & 0 & 1 \end{bmatrix} \begin{matrix} \\ \\ p\text{行} \\ \\ \\ q\text{行} \\ \\ \end{matrix} \tag{7.42}$$

p 列　　　q 列

この行列 $[R]$ は，p, q 行と p, q 列が交差する位置の要素（網掛け部分）が $\sin\theta$ と $\cos\theta$ で構成されており，そのほかは単位行列と同じである．この行列の特徴は $[R]^T[R]$ がつねに単位行列 $[I]$ になるので，θ の値にかかわらず直交行列になることである．

この行列 $[R]$ を用いて $[B] = [R]^T[A][R]$ の演算をすると，$[B]$ の要素 b_{ij} は次のようになり，p と q の行と列に変化が生じる．これを**直交変換**とよぶ．

$$\left.\begin{aligned} b_{pp} &= a_{pp}\cos^2\theta + a_{qq}\sin^2\theta - 2a_{pq}\sin\theta\cos\theta \\ b_{qq} &= a_{pp}\sin^2\theta + a_{qq}\cos^2\theta + 2a_{pq}\sin\theta\cos\theta \\ b_{pq} &= (a_{pp} - a_{qq})\sin\theta\cos\theta + a_{pq}(\cos^2\theta - \sin^2\theta) \\ &= \frac{1}{2}(a_{pp} - a_{qq})\sin 2\theta + a_{pq}\cos 2\theta \\ b_{qp} &= b_{pq} \\ b_{pj} &= a_{pj}\cos\theta - a_{qj}\sin\theta \\ b_{qj} &= a_{pj}\sin\theta + a_{qj}\cos\theta \\ b_{ip} &= a_{ip}\cos\theta - a_{iq}\sin\theta \\ b_{iq} &= a_{ip}\sin\theta + a_{iq}\cos\theta \end{aligned}\right\} \tag{7.43}$$

さて，$[R]$ の要素の角度 θ は自由に値をとれるので，非対角要素 b_{pq} を 0 とするように θ をとってみよう．

$$b_{pq} = \frac{1}{2}(a_{pp} - a_{qq})\sin 2\theta + a_{pq}\cos 2\theta = 0 \tag{7.44}$$

この式から $\sin\theta$ と $\cos\theta$ の値を求めると，

$$\left.\begin{aligned} \sin\theta &= \sqrt{\frac{1-\gamma}{2}}\cdot\mathrm{sign}(\alpha\beta) \\ \cos\theta &= \sqrt{1-\sin^2\theta} \end{aligned}\right\} \tag{7.45}$$

となる．ただし，

$$\left.\begin{aligned} \alpha &= -a_{pq} \\ \beta &= \frac{1}{2}(a_{pp}-a_{qq}) \\ \gamma &= \frac{|\beta|}{\sqrt{\alpha^2+\beta^2}} \end{aligned}\right\} \tag{7.46}$$

である．ここで，$\mathrm{sign}(\alpha\beta)$ は大きさが１で，$\alpha\beta$ の符号をもつ数である．

以上のような変換によって，非対角要素 a_{pq} を０にすることができる．これを**対角化演算**という．図 7.5 に示すように，実際の計算では，$[A_k]$ の非対角要素の最大値が存在する行と列の値 p, q を探し，この要素が０となるような $[R_k]$ を作り，

$$[A_{k+1}] = [R_k]^T[A_k][R_k] \tag{7.47}$$

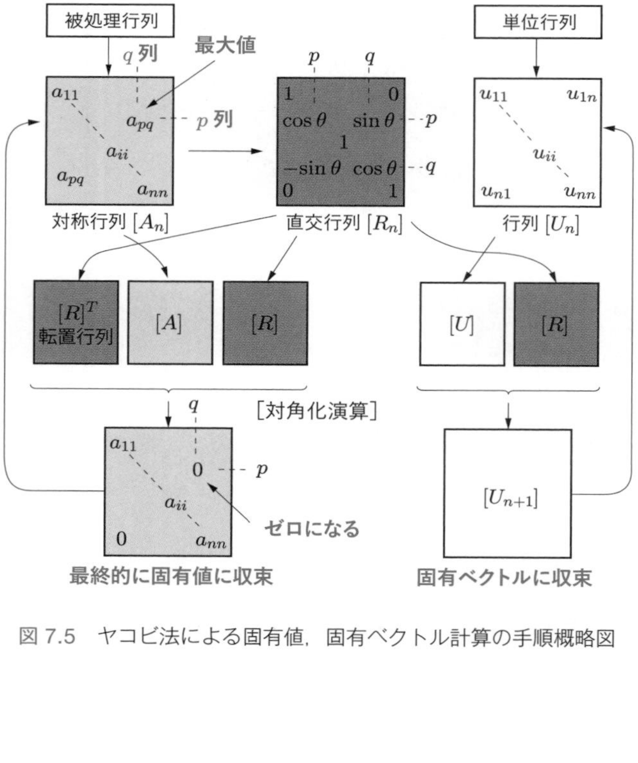

図 7.5　ヤコビ法による固有値，固有ベクトル計算の手順概略図

の演算を次々に行うことによって，上式を対角行列に収束させる．なお，この演算を繰り返す途中で，消去によって一度 0 になった要素が，その後の変換で 0 でなくなることもあるが，最終的にはすべてが 0 に収束する．

固有ベクトルからなる行列 $[M]$ に収束する行列 $[U_k] = [R_1][R_2]\cdots[R_k]$ を**漸化式**で表すと，次のようになる．

$$[U_k] = [U_{k-1}][R_k] \tag{7.48}$$

ただし，$[U_0] = [I]$

$[R_k]$ は p, q の行と列の要素だけに関係するから，$[U_k]$ の要素 u_{ij} は次の要素のみ変更される．よって，式 (7.43) を上式に代入すると次のようになる．

$$\left.\begin{aligned} {u_{ip}}^{(k)} &= {u_{ip}}^{(k-1)}\cos\theta - {u_{ip}}^{(k-1)}\sin\theta \\ {u_{iq}}^{(k)} &= {u_{ip}}^{(k-1)}\sin\theta + {u_{iq}}^{(k-1)}\cos\theta \end{aligned}\right\} \tag{7.49}$$

▶ 7.2.4 固有値を求めるプログラム

ヤコビ法のフローチャートとプログラム例を次に示す（図 7.6，プログラム 7.2）．この方法では行列 $[A]$ を格納し，対角化していくための配列 a と，最初に単位行列

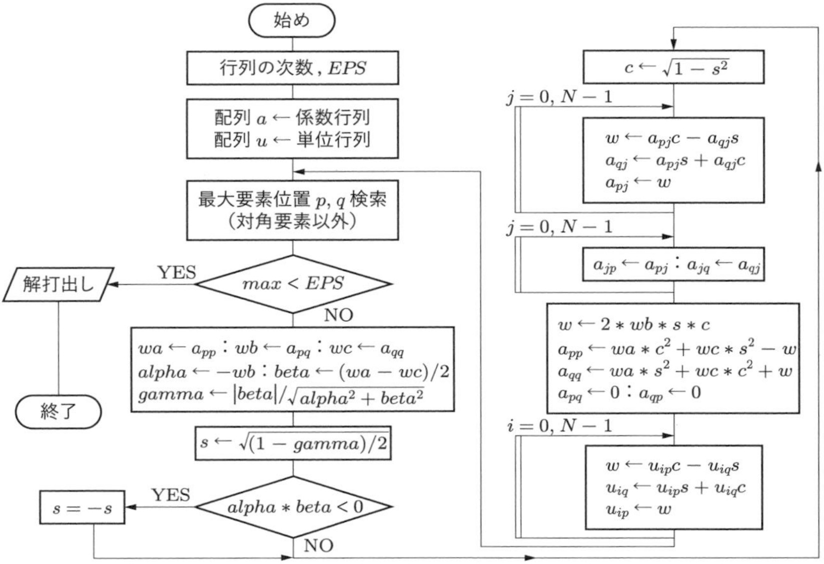

図 7.6 固有値と固有ベクトル計算のフローチャート

を与えて固有値を計算していく配列 u が必要になるので，まず，それらの宣言を行う．

次に配列 a 内の非対角要素の最大値を求め，これが許容範囲内なら計算結果を打ち出し，まだ十分に収束していなければ，その要素を 0 とする対角化演算を行う．まず，式 (7.45)，(7.46) によって，α, β, γ, $\sin\theta$, $\cos\theta$ を計算し，次に式 (7.44) によって配列 a の要素を対角化演算する．そして，式 (7.49) により，配列 u を計算して一巡の演算が終了し，また，最初の計算に戻っている．

プログラム 7.2

```
//  ヤコビ法による固有値と固有ベクトル計算

#include    <stdio.h>
#include    <math.h>

#define N   3                                  // 次数設定
#define EPS 0.0001                             // 収束範囲

int main( int argc, char **argv ) {
    double  a[N][N] = {
        {  5.0000, -1.4142,  0.0000 },
        { -1.4142,  1.5000, -0.4082 },
        {  0.0000, -0.4082,  0.3333 } };            // 係数行列
    double  u[N][N];                           // 単位行列
    double  alpha, beta, gamma;
    double  s, c, w;
    double  wa, wb, wc;
    double  max;
    int p, q, x, y;

    for( int i=0; i<N; i++ )
        for( int j=0; j<N; j++ )
            u[i][j] = 0.0;

    for( int i=0; i<N; i++ )
        u[i][i] = 1.0;

    while(1) {
                                               // 最大要素の行と列を検索
        max = 0.0;
        for( int i=0;i<N-1; i++ )
            for( int j=i+1; j<N; j++ )
                if( fabs( a[i][j] ) > max ) {
                    p = i;
                    q = j;
                    max = fabs( a[i][j] );
```

```
                }
                                    // 収束したら解打出し
        if( max < EPS ) break;

                                    // sinθ, cosθ 計算
        wa = a[p][p];
        wb = a[p][q];
        wc = a[q][q];
        alpha = -wb;
        beta = 0.5 * ( wa - wc );
        gamma = fabs( beta ) / sqrt( alpha * alpha + beta * beta );
        s = sqrt( 0.5 * ( 1.0 - gamma ) );
        if( alpha * beta < 0 )  s = -s;
        c = sqrt( 1.0 - s * s );

                                    // 直交変換
        for( int j=0; j<N; j++ ) {
            w = a[p][j] * c - a[q][j] * s;
            a[q][j] = a[p][j] * s + a[q][j] * c;
            a[p][j] = w;
        }

        for( int j=0; j<N; j++ ) {
            a[j][p] = a[p][j];
            a[j][q] = a[q][j];
        }

        w = 2.0 * wb * s * c;
        a[p][p] = wa * c * c + wc * s * s - w;
        a[q][q] = wa * s * s + wc * c * c + w;
        a[p][q] = 0;
        a[q][p] = 0;

                                    // 漸化式計算
        for( int i=0; i<N; i++ ) {
            w = u[i][p] * c - u[i][q] * s;
            u[i][q] = u[i][p] * s + u[i][q] * c;
            u[i][p] = w;
        }
    }

    printf("固有値¥n");
    for( int i=0; i<N; i++ )
        printf( "%7.4lf ", a[i][i] );
    printf( "¥n¥n" );
    printf("固有ベクトル¥n");
    for( int i=0; i<N; i++ ) {
        for( int j=0; j<N; j++ )
```

```
            printf( "%7.4lf ", u[i][j] );
        printf( "¥n" );
    }
    return 0;
}
```

実行結果 7.2

```
固有値
 5.5036  1.1751  0.1546

固有ベクトル
 0.9417  0.3157  0.1162
-0.3353  0.8538  0.3983
 0.0265 -0.4140  0.9099
```

演習問題

7.1　次の行列の逆行列をそれぞれ求めよ.

$$(1)\ \begin{bmatrix} 4 & 0 & 5 \\ 0 & 1 & -6 \\ 3 & 0 & 4 \end{bmatrix} \qquad (2)\ \begin{bmatrix} 1 & 2 & -1 & 3 \\ 3 & 1 & 3 & 5 \\ 2 & -5 & 0 & 4 \\ 0 & -1 & 2 & 1 \end{bmatrix}$$

7.2　次の行列の固有値と固有ベクトルをそれぞれ求めよ.

$$(1)\ \begin{bmatrix} 4 & 2 & 1 \\ 2 & 1 & 2 \\ 1 & 2 & 8 \end{bmatrix} \qquad (2)\ \begin{bmatrix} 3 & 0 & 0 & 1 \\ 0 & 3 & 0 & 0 \\ 0 & 0 & 1 & 0 \\ 1 & 0 & 0 & 3 \end{bmatrix}$$

8章 離散フーリエ変換

複雑な関数も，フーリエ変換によって周期の異なる正弦波の集合体に分解される．この処理を行うことによって，関数の周期成分が明らかになるので，その関数波形の特徴をつかむことができる．よって，フーリエ変換は，音声や画像の分析，ディジタルフィルタの設計など多くの分野で利用されている．この章では，離散データを高速でフーリエ変換する技法についての解説を行う．

8.1 複素関数を用いたフーリエ変換

フーリエ変換 (Fourier transform) とは，複雑な波形を**周波数と位相の異なる多数の正弦波群の集合体**に変換する方法である．我々が自然界から取り込む情報は，たとえば音声信号などのように，時間的に複雑に変化する物理量である場合が多い．このような信号波形は，そのままでは信号処理の分析がしにくい．なぜなら，いままで培われてきた信号処理の技術のほとんどが，一定周波数の正弦波の処理に関するものだからである．よって，このフーリエ変換を用いて正弦波群に分解し，その個々の正弦波がどう処理されるかを計算して，後でそれらの結果を重ね合わせて結果を得ることができる．

▶ 8.1.1 複素関数について

周期関数としては正弦波 (sin) などがよく知られているが，正弦関数は微積分を行うと形が sin から cos に変形し，また正弦波どうしの乗算や除算が複雑になってしまう．よって工学の分野では，これらの演算が行いやすい**複素関数**を次のように定義して用いている．これを**オイラーの公式** (Euler's formula) という．

$$a(\cos x + j\sin x) = ae^{jx} \tag{8.1}$$

この関数は，幾度微積分しても，j が係数にかかるだけで形が変わらないという特徴をもっている．また，加減乗除算が指数関数と同じ法則に従うために取り扱いやすい．複素関数は，一般に，ae^{jx} と表記する．

複素関数とは，$\cos x$ と $j\sin x$ という，独立した2つの関数が重なりあったものと解釈すると理解しやすい．この複素関数を使用すると，計算過程では複素数を扱わなくてはならないが，数式の処理がきわめて単純になるという特徴をもっている．

式 (8.1) から明らかなように，この複素関数は周期が 2π の周期関数である．この1周期間に，変数 x が等間隔になるように P（偶数）個の値をとって，次のように表してみよう．

$$W_P{}^K = e^{j(2\pi/P)K} \quad (K = 0, 1, 2, \ldots, P-1) \tag{8.2}$$

すると，図 8.1 に示すように虚軸と実軸が直交する複素平面上での関数値 $W_P{}^K$ の軌跡は，半径が1の円上に均等間隔で並んだ P 個の点になり，整数値 K が変化するたびに円上を次々に移動する．この図から，複素平面上で原点対称になる2点は正負の関係にあることがわかるだろう．

$$W_P{}^K = -W_P{}^{K+P/2} \tag{8.3}$$

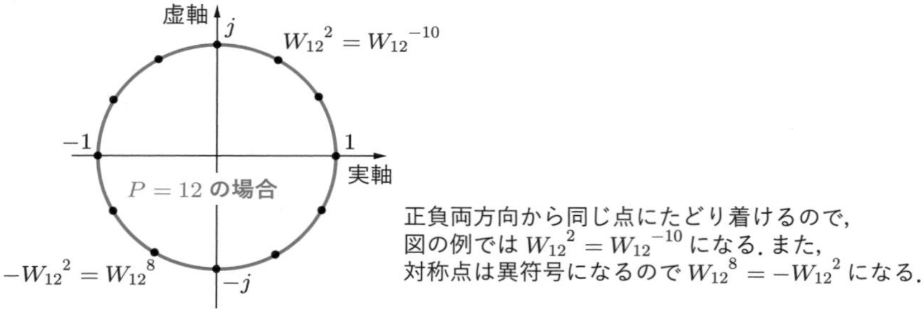

図 8.1　$W_P{}^K = e^{j(2\pi/P)K}$ の軌跡点

また，K を正と負の方向に増加させると同じ点になる位置があるから，

$$W_P{}^K = W_P{}^{K-P} \tag{8.4}$$

という関係も得られる．よって，変数 K としては正の値の代わりに，$K-P$ という負値をとっても同じであることがわかる．これらの関係は 8.1.3 項の離散フーリエ変換で用いられる．

▶ 8.1.2　複雑な波形とフーリエ変換

ある波形の1周期をフーリエ変換すると，その周期の**基本正弦波**と，周波数が倍数の**高調波群**の振幅値，位相値を得ることができる．

この基本波，高調波群の振幅を平面に投影したものを**周波数スペクトラム**とよんでいる．波形の中にどのような周波数情報が含まれているかが一目でわかるため，あらゆる工学分野で利用されている．もちろん，これらの正弦波群を重ね合わせれば，元の波形が得られる．

この定性的な概念を図 8.2 に示す．この図では，概念図が正弦波で描かれているが，もちろんこれも複素関数で数式を展開していくことができる．ここで用いられる複素関数を**複素正弦波**とよぶ．

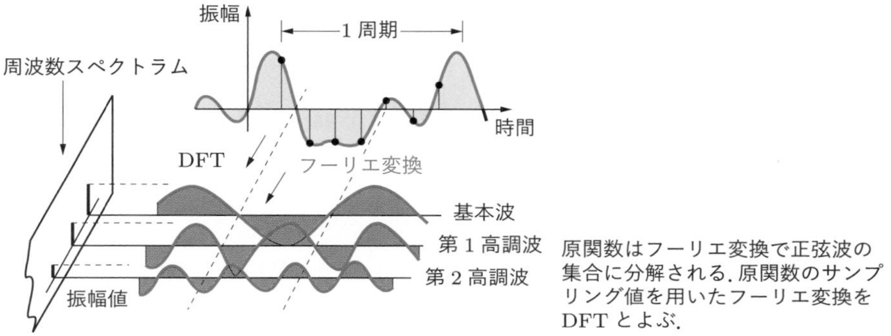

原関数はフーリエ変換で正弦波の集合に分解される. 原関数のサンプリング値を用いたフーリエ変換をDFT とよぶ.

図 8.2 原関数と周波数スペクトラム

実在する信号をすべてコンピュータに記憶させることはできない．よって，連続信号を離散的に読み込んで記憶装置に取り込む．これを**サンプリング**という．このとき，連続信号のサンプリングは等間隔に行うことが多い．

ところで，離散的フーリエ変換を行うときに，サンプリング数 P を少なくすると，**サンプリング間隔**が大きくなって，この間に細かく変化する波を読み込めなくなってしまう．それどころか，高い周波数の波を読み飛ばしてサンプリングを行うと，そのサンプリング周波数との差の周波数にあたる幻の波の成分が取り込まれる．これを**エイリアシング誤差** (aliasing error) とよぶ．

よって，サンプリングを行う場合には，まず，周波数フィルタを用いて，信号波形から高い周波数成分を取り除かなければならない．このようなことから，信号波形の最大周波数 $f_{\max}$ までを取りこぼさずに離散フーリエ変換を行うためには，少なくともその信号に含まれる最大周波数の 1 周期間に 2 回以上のサンプリングをする必要がある．これを**染谷－シャノンのサンプリング定理** (sampling theorem) という．

▶ 8.1.3 DFT

ある連続波形の 1 周期間を等間隔にサンプリングし，P 個のデータ列 $(f_0, f_1, f_2, \ldots, f_{P-1})$ が得られたとする．このデータ列を用いて**離散フーリエ変換** (DFT: discrete Fourier transform) を行うと，その N 番目のデータ f_N は，下記のような複素正弦波の集合で表される．

$$f_N = \sum_{M=0}^{P-1} a_M e^{j(2\pi/P)MN} \tag{8.5}$$

ただし，上式の係数 $(a_0, a_1, a_2, \ldots, a_M)$ は，次のフーリエ変換の式で得られる．ここで，P, M はそれぞれ，波形 1 周期のサンプリング数，高調波の次数を表している．

$$a_M = \frac{1}{P} \sum_{N=0}^{P-1} f_N e^{-j(2\pi/P)MN} \tag{8.6}$$

さて，実際に周波数成分のわかっている関数について DFT を行って，その性質を調べてみよう．簡単のために，式 (8.7) のような sin 関数と cos 関数から構成されている関数列 f_N $(N = 0, 1, 2, \ldots, P-1)$ を考える．

$$f_N = 3\sin(x) + 7\cos(3x) \tag{8.7}$$

ただし，$x = \dfrac{2\pi}{P} N$

この関数を 1 周期にわたり 10 点サンプリング ($P = 10$) して，これらのデータ列を用いて DFT を行ってみよう．この計算のフローチャートとプログラムを，図 8.3 とプログラム 8.1 に示す．

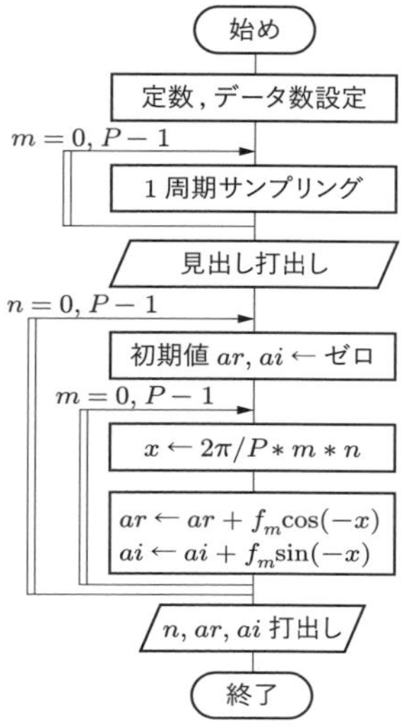

図 8.3 DFT 計算のフローチャート

プログラム 8.1

```
//  DFTの計算

#include    <stdio.h>
#define _USE_MATH_DEFINES
#include    <math.h>

#define P   10       // サンプル数

double  func_y( double );

int main( int argc, char **argv ) {
    double  f[P];
    double  ar, ai, x;

                    // データサンプリング
    for( int m=0; m<P; m++ )
        f[ m ] = func_y( 2.0 * M_PI / (double)P * (double)m );

                    // DFT 係数計算
    printf( "次数¥t実数部¥t虚数部¥t絶対値¥n" );      // 見出し打出し
    for( int n=0; n<P; n++ ) {
        ar = 0.0;
        ai = 0.0;
        for( int m=0; m<P; m++ ) {
            x = 2.0 * M_PI / (double)P * (double)m * (double)n;
```

```
            ar += f[ m ] * cos( -x );
            ai += f[ m ] * sin( -x );
        }
        ar /= (double)P;
        ai /= (double)P;
        x = sqrt( ar * ar + ai * ai );
        printf( "%4d %9.3lf %9.3lf %9.3lf¥n", n, ar, ai, x );
    }
    return 0;
}

                    // 原関数 3sin(x) + 7cos(3x) 定義
double  func_y( double x ) {
    return 3.0 * sin( x ) + 7.0 * cos( 3.0 * x );
}
```

実行結果 8.1

次数	実数部	虚数部	絶対値
0	-0.000	0.000	0.000
1	-0.000	-1.500	1.500
2	-0.000	-0.000	0.000
3	3.500	-0.000	3.500
4	0.000	-0.000	0.000
5	0.000	-0.000	0.000
6	0.000	-0.000	0.000
7	3.500	0.000	3.500
8	-0.000	-0.000	0.000
9	-0.000	1.500	1.500

このプログラムではまず，関数 y_N を等間隔でサンプリングした P 個のデータ列を計算し，配列 f に格納する．その後，式 (8.6) に従って周波数成分を計算している．計算された周波数成分 a_M は複素関数を伴った形で表される．C11 (ISO/IEC 9899:2011) とよばれる規格に準拠した C 言語では複素関数を扱えるが，ここでは複素関数の部分は式 (8.1) を用いて次のように変形し，実数部と虚数部に分けて別々に計算を行っている．

$$e^{-j(2\pi/P)MN} = \cos\left(-\frac{2\pi}{P}MN\right) + j\sin\left(-\frac{2\pi}{P}MN\right) \tag{8.8}$$

なお，このプログラムは DFT のアルゴリズムをわかりやすく記述したため，`for` ループ中で sin と cos の計算を繰り返し行う構造になっている．しかし，実際には周期性のため複素関数の計算は $P/2$ 種類でよく，よって，これらの関数値を求める計算をあらかじめ行って，それらを参照する方法で計算速度を向上させるべきであろう．

その計算結果を見ると，たとえば 1 次と 9 次の係数は $a_1 = 0 - 1.5j$, $a_9 = 0 + 1.5j$ になる．よって，式 (8.4) を参照することによって，第 9 項は $e^{j9x} = e^{-j1x}$ というように，第 1 項の負の周波数で表すことができる．結果的に，式 (8.5) の第 1 項は

$$a_1 e^{j1x} + a_9 e^{j9x} = -1.5j(e^{j1x} - e^{-j1x}) = 3\sin(x) \tag{8.9}$$

となって，元の関数列の第 1 項に等しくなることがわかる．同じように，第 3 項も第 7 項と併せて，$7\cos(3x)$ を得ることができる．

図 8.4 に示すように，DFT では解の高次の係数群が，負の領域の周波数成分に相当する．この例の場合は，5 次以降，9 次までの係数群を負領域の周波数成分として考えられるので，元の方程式の係数群と同じ値が求められる．

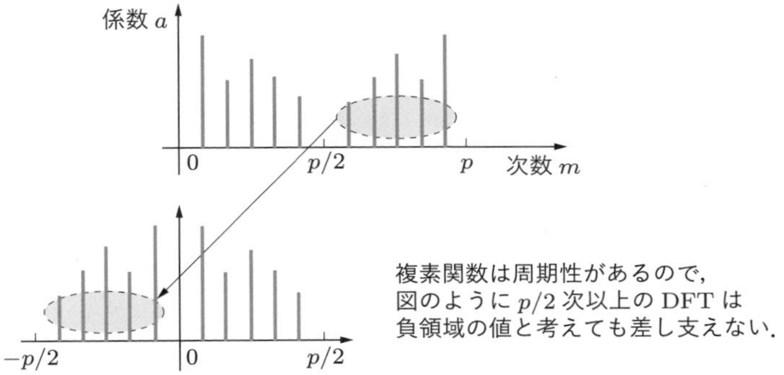

図 8.4　周波数成分の周期性

8.2 高速 DFT

DFT を行うには，式 (8.6) の演算を直接行えばよいが，この式から明らかなように，すべての係数列を得るためには複素加算と乗算が必要になり，多くの時間を必要とする．よって，高速に DFT を行う手法が必要になる．高速に DFT を行う要点は，$\sum f_N e^{-j(2\pi/P)MN}$ の項をいかに高速で処理するかにかかってくる．その方法の 1 つに**時間分割法**がある．

▶ 8.2.1 時間分割法

まず，DFT 演算を行うにあたって，繰り返し扱うことになる複素関数値部分 $e^{-j(2\pi/P)MN}$ を次のように表しておく．なお，この関数は整数 N や M が増加するたびに円上の軌跡点を移動するので，**回転因子**とよばれている．

$$W_P{}^{MN} = e^{-j(2\pi/P)MN} \tag{8.10}$$

まず，DFT をしようとするデータ数 P を 2 の累乗個としよう．次に，加算はその順序を変えても値が変わらないので，データ列 $(f_0, f_1, f_2, \ldots, f_{P-1})$ を偶数の (EVEN) 列と奇数の (ODD) 列と別々に分けて DFT を行ってみる．ここで，データ列はすでに $1/P$ 倍されているものとする．

$$a_M = \sum_{N=0}^{P-1} f_N W_P{}^{MN} = \sum_{\substack{\text{EVEN}\\N=0}}^{P-2} f_N W_P{}^{MN} + \sum_{\substack{\text{ODD}\\N=1}}^{P-1} f_N W_P{}^{MN} \tag{8.11}$$

ここで，偶数列と奇数列に対して，次のように新しい順番の添え字を付ける．

$$(f_{E0}, f_{E1}, f_{E2}, \ldots, f_{E(P/2-1)}) = (f_0, f_2, f_4, \ldots, f_{P-2}) \tag{8.12}$$

$$(f_{O0}, f_{O1}, f_{O2}, \ldots, f_{O(P/2-1)}) = (f_1, f_3, f_5, \ldots, f_{P-1}) \tag{8.13}$$

そして，この添え字に従って式 (8.11) を変形すると，回転因子の変数 N を 2 倍しなければならないことを考慮に入れれば，次の式が得られる．

$$\sum_{N=0}^{P-1} f_N W_P{}^{MN} = \left(\sum_{N=0}^{P/2-1} f_{EN} W_P{}^{2MN} + \sum_{N=0}^{P/2-1} f_{ON} W_P{}^{(2N+1)M} \right) \tag{8.14}$$

ここで，式 (8.10) のデータ数として $P/2$ を代入して，データ個数 $P/2$ の回転因子 $W_{P/2}{}^{MN}$ を求めてみよう．

$$W_{P/2}{}^{MN} = e^{-j(2\pi/(P/2))MN} = W_P{}^{2MN} \tag{8.15}$$

これを式 (8.14) に代入すると，次のようになる．

$$\sum_{N=0}^{P-1} f_N W_P{}^{MN} = \left(\sum_{N=0}^{P/2-1} f_{EN} W_{P/2}{}^{MN} + W_P{}^M \sum_{N=0}^{P/2-1} f_{ON} W_{P/2}{}^{MN} \right) \tag{8.16}$$

すなわち，P 個のデータ列の DFT の M 番目の係数 a_M は，このデータ列を偶数列と奇数列に分けた $P/2$ 個のデータ列の DFT，つまり a_{EM} と a_{OM} で表すことができる．ここで，a の添え字の EM, OM は，偶数列と奇数列の順番を表す．

$$a_M = a_{EM} + {W_P}^M a_{OM} \tag{8.17}$$

ところで，${W_P}^M$ は P の周期をもつから，式 (8.3) から次の関係が得られる．

$${W_P}^{M+P/2} = -{W_P}^M \tag{8.18}$$

よって，式 (8.17) は次のようになる．

$$a_M \quad = a_{EM} + {W_P}^M a_{OM} \tag{8.19}$$

$$a_{M+P/2} = a_{EM} - {W_P}^M a_{OM} \tag{8.20}$$

$$(M = 0, 1, 2, \ldots, P/2 - 1)$$

図 8.5 にこの方法の原理を示す．データの個数 P は 2 の累乗個であるので，逐次このような方法でデータ列を分けていくと，最終的には 2 個の DFT 群に分割される．

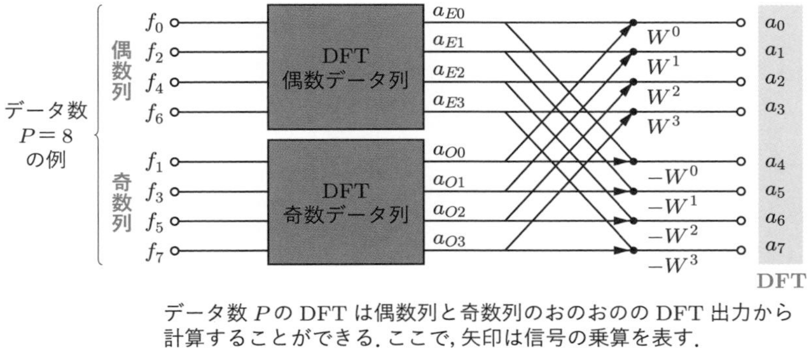

データ数 P の DFT は偶数列と奇数列のおのおのの DFT 出力から
計算することができる. ここで, 矢印は信号の乗算を表す.

図 8.5　回転因子と時間分割による計算手順

この方法によって，P 個のデータの DFT の乗算回数は P^2 から $(P/2)\log_2 P$ 回に減少し，加算回数も同程度に減少するので，高速な DFT を行うことができる．たとえば，$P = 2^{10} = 1024$ の場合には，乗算回数が 1/200 程度に減少する．

▶ 8.2.2　ビット逆順とバタフライ演算

具体的に，式 (8.19)，(8.20) を用いて DFT を行うことを考えよう．図 8.6 に，データ数が $P = 2^3 = 8$ の場合の計算手順を，**信号流れ図** (signal flow graph) の形で示す．この図の中で，計算は左より右に線上を進むものとし，線の**節点** (node)

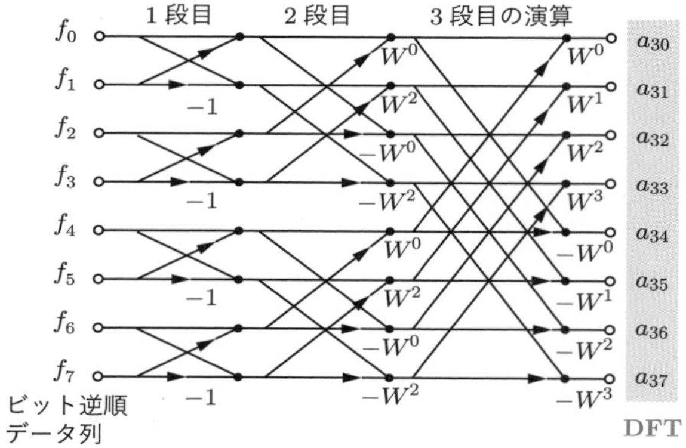

図 8.6 時間分割法による8データ DFT の信号流れ図

は双方の線からの値の加算を，また，**矢印** (arrow) は添え書きされた値を線上の値に乗算することを示す．

計算にあたって，まず，データ列 $(f_0, f_1, f_2, f_3, \ldots, f_7)$ を偶数列と奇数列に並べ変え，また，得られたデータ列について同じことを行うと，次のように2データの対が4個得られる．

$$\left.\begin{array}{l}(f_0, f_1, f_2, f_3, f_4, f_5, f_6, f_7)\\(f_0, f_3, f_4, f_6), (f_1, f_3, f_5, f_7)\\(f_0, f_4), (f_2, f_6), (f_1, f_5), (f_3, f_7)\end{array}\right\} \tag{8.21}$$

これらの2データ群に対して DFT を行って，式 (8.19)，(8.20) の計算を施すと4データの DFT が得られ，次に同様な操作を行うと8データの DFT が得られる．よって，データ数が2の累乗個であれば，同様の手段で計算を続けることができる．

さて，2つのデータ対 (f_0, f_4) を用いて，1段目の DFT を行ってみよう．式 (8.11) から，すぐに次のような関係が得られる．

$$\left.\begin{array}{l}a_{10} = f_0 {W_2}^0 + f_4 {W_2}^0 = f_0 + f_4\\a_{11} = f_0 {W_2}^0 + f_4 {W_2}^1 = f_0 - f_4\end{array}\right\} \tag{8.22}$$

ここで，DFT の結果得られる係数群 a_{10}, a_{11} の下付き添え字の十の位は，1段目の DFT を行ったことを意味している．ほかのデータ対についても同様の結果が得られる．この計算は**バタフライ演算** (butterfly computation) とよばれる．

次の2段目以降は，式 (8.19)，(8.20) を用いて，次々に計算を進めていけばよい．たとえば，a_{21} を求めてみよう．この段での回転因子の周期は $P = 2$ である．

よって，$P/2-1=0$ となり M の値は 0 しかとれないので，式 (8.20) を用いることになる．

$$a_{21} = a_{EM} - {W_2}^0 a_{OM} \tag{8.23}$$

また，前段の DFT 出力 $(a_{10}, a_{11}, a_{12}, a_{13}, \ldots)$ は 2 組が 1 つの出力になっているので，a_{21} に対する a_{EM} は a_{11} が，a_{OM} には a_{13} がそれぞれ対応する．さらに，式 (8.15) から ${W_2}^1 = {W_4}^2$ の関係があるので，次のようになる．

$$a_{21} = a_{11} + {W_4}^2 a_{13} \tag{8.24}$$

このような手順を進めていくと，3 段目の計算で $2^3 = 8$ 個のデータの DFT の結果，つまり a_{3M} $(M = 0, 1, 2, \ldots, 8)$ が得られる．この計算過程はすでに図 8.6 に示している．

ところで，ここで用いられたデータの並び替えは，**ビット逆順の方法**によって簡単に行うことができる．ビット逆順というのは，データ番号を 2 進数で表し，そのすべてのビットを逆順にすると，ここで必要なデータ並び替えの番号になるというものである．図 8.7 はデータ数が 8 個の場合のビット逆順の例を示しているが，データ数は 2 の累乗個ならいくつでも成り立つ．

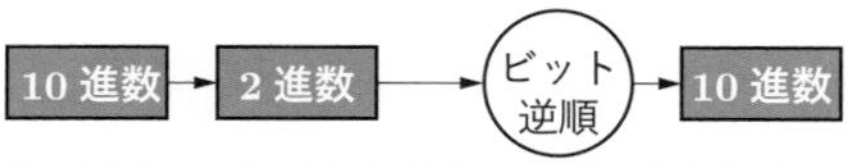

0	000	000	0
1	001	100	4
2	010	010	2
3	011	110	6
4	100	001	1
5	101	101	5
6	110	011	3
7	111	111	7

図 8.7　データ数 $P=8$ の場合のビット逆順

▶ 8.2.3　高速 DFT のプログラム

時間分割法を用いた高速 DFT の計算フローチャートとプログラム例を，図 8.8，プログラム 8.2 に示す．

サンプリングデータ数は最大 $p = 2^{10}$ 個として，DFT の途中経過を格納するために，実数部配列 $r[1024]$ と虚数部配列 $i[1024]$ を宣言する．また，この場合，回転因

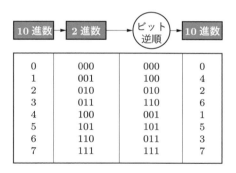

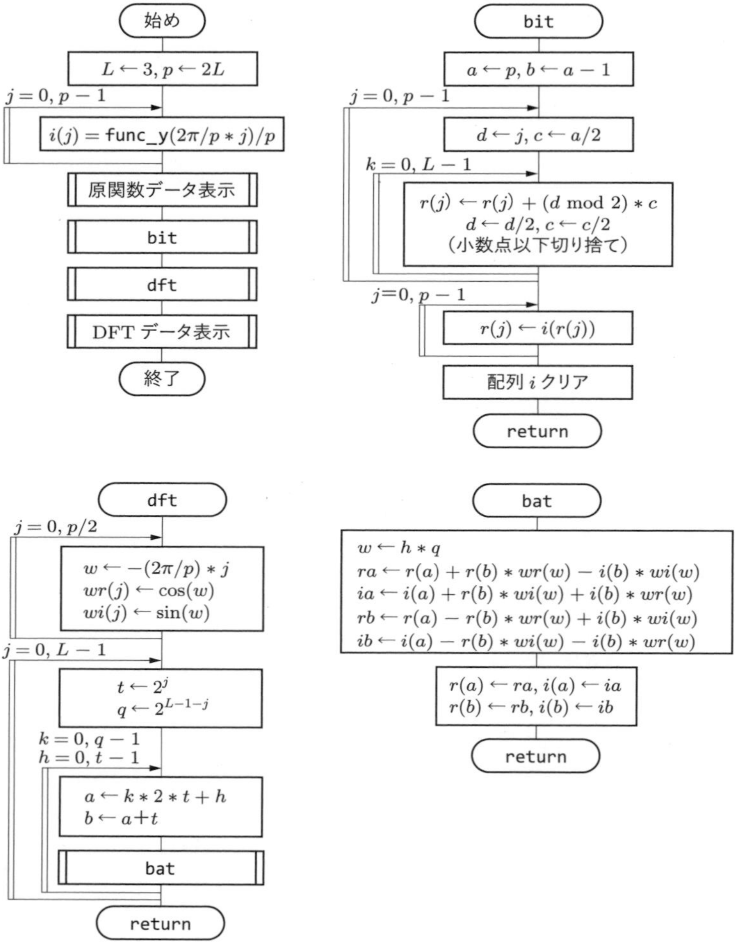

図 8.8　高速フーリエ変換のフローチャート

子は最大 $p/2$ 種類の値をとるので，この実数部と虚数部を格納するために $wr[512]$ と $wi[512]$ を宣言している．この回転因子の値の格納は，`dft` 関数内の“回転因子値格納”というコメントの付いている部分で行っている．

このプログラムでは，`func_y` 関数で DFT を行う原関数を定義し，先頭近くの `define` 文で L を定義し，サンプル数 2^L を決定している．ここでは，比較のために 8.1.3 項で計算したのと同じ関数 $y = 3\sin(x) + 7\cos(3x)$ について，8 点サンプリングして高速 DFT を行っているが，これらの行を変更すれば一般の関数についての DFT を行うことができる．

次にビット逆順の計算であるが，数列 d は $(0, 1, 2, \ldots, p-1)$ であり，これらを 2 で除算した剰余は 2 進数の最小位ビットの値であるから，これに最大ビットの 10 進数 c をかければ，最小位のビットを逆順にした値 r が求められる．このようにして d と c を 1/2 ずつ小さくしながら，r を加算してビット逆順の値を求めることができる．bit 関数内の“ビット逆順”というコメントの付いている部分で，サンプリングデータの配列を入れ換えている．

DFT は，図 8.6 の流れ図に従って dft 関数で行っている．バタフライ演算は複素数になるので，C 言語では実数部と虚数部に分けて計算を行っている．

プログラム 8.2

```
//  時間分割法による高速 DFT

#include    <stdio.h>
#define _USE_MATH_DEFINES
#include    <math.h>

#define L   3           // 最大サンプル数 (2^L)

double  r[ 1024 ], i[ 1024 ], wr[ 512 ], wi[ 512 ];

void    bit( int );
void    dft( int );
void    bat( int, double, int, int );
double  func_y( double );

int main( int argc, char **argv ) {
    int p;

    p = (int)pow( 2.0, (double)L );

    for( int j=0; j<1024; j++ ) {
        r[ j ] = 0.0;
        i[ j ] = 0.0;
    }

                        // データを 1/p 倍してサンプリング
    for( int j=0; j<p; j++ )
        i[ j ] = func_y( ( 2.0 * M_PI / (double)p ) * (double)j )
                    / (double)p;

                        // 原関数データを表示
    printf( "No.¥tデータ¥n" );
```

```
    for( int j=0; j<p; j++ )
        printf( "i[%d] = %9.3lf¥n", j, i[ j ] * (double)p );

    bit( p );
    dft( p );

    printf( "¥n次数¥t実数部¥t虚数部¥n" );       // DFT データ表示
    for( int j=0; j<p; j++ )
        printf( "%4d%9.3lf%9.3lf¥n", j, r[ j ], i[ j ] );
    return 0;
}

                                    // ビット逆順配列換え計算
void    bit( int p ) {
    int d, c;

                                    // ビット逆順
    for( int j=0; j<p; j++ ) {
        d = j;
        c = p / 2;
        for( int k=0; k<L; k++ ) {
            r[ j ] += ( d % 2 ) * c;
            d /= 2;
            c /= 2;
        }
    }

                                    // データ入れ換え
    for( int j=0; j<p; j++ )
        r[ j ] = i[ (int)r[ j ] ];

                                    // 配列 i クリア
    for( int k=0; k<1024; k++ )
        i[ k ] = 0.0;
}

                                    // 高速フーリエ変換
void    dft( int p ) {
    int a, b;
    double  w, q, t;

                                    // 回転因子値格納
    for( int j=0; j<=p/2; j++ ) {
        w = -2.0 * M_PI / (double)p * (double)j;
        wr[ j ] = cos( w );
        wi[ j ] = sin( w );
    }

```

```
                                        // 高速フーリエ変換
    for( int j=0; j<L; j++ ) {
        t = pow( 2.0, (double)j );
        q = pow( 2.0, (double)L - 1.0 - (double)j );
        for( int k=0; k<q; k++ )
            for( int h=0; h<t; h++ ) {
                a = (int)( (double)k * 2.0 * t + (double)h );
                b = (int)( (double)a + t );
                bat( h, q, a, b );
            }
    }
}

                                        // 複素数のバタフライ演算
void    bat( int h, double q, int a, int b ) {
    int w;
    double  ra, rb, ia, ib;

    w = (int)( (double)h * q );
    ra = r[ a ] + r[ b ] * wr[ w ] - i[ b ] * wi[ w ];
    ia = i[ a ] + r[ b ] * wi[ w ] + i[ b ] * wr[ w ];
    rb = r[ a ] - r[ b ] * wr[ w ] + i[ b ] * wi[ w ];
    ib = i[ a ] - r[ b ] * wi[ w ] - i[ b ] * wr[ w ];
    r[ a ] = ra;
    i[ a ] = ia;
    r[ b ] = rb;
    i[ b ] = ib;
}

                                        // 原関数 3sin(x) + 7cos(3x) 定義
double  func_y( double x ) {
    return  3.0 * sin( x ) + 7.0 * cos( 3.0 * x );
}
```

実行結果 8.2

No.		データ	次数	実数部	虚数部
i[0]	=	7.000	0	-0.000	0.000
i[1]	=	-2.828	1	0.000	-1.500
i[2]	=	3.000	2	-0.000	0.000
i[3]	=	7.071	3	3.500	-0.000
i[4]	=	-7.000	4	0.000	0.000
i[5]	=	2.828	5	3.500	0.000
i[6]	=	-3.000	6	-0.000	-0.000
i[7]	=	-7.071	7	0.000	1.500

演習問題

8.1 複素正弦波 $y = a\{\cos(\omega t) + j\sin(\omega t)\}$ を手計算で 3 回微分せよ．

8.2 フーリエ変換と DFT との相違点を述べよ．

8.3 $y = \sin(2t) + 3\cos(5t)$ の 1 周期を 256 サンプリングして，DFT 処理せよ．

8.4 演習問題 8.3 を高速 DFT で処理し，DFT との処理時間の差を求めよ．

8.5 $y = \sin(2t) + 3\cos(100t) + 2\sin(300t)$ の 1 周期を 1024 サンプリングして，高速 DFT 処理せよ．

9章 モンテカルロ法

いままでの章では，データを与えると必ずそれに対応した解が定まる，いわゆる決定論的な解析方法を検討してきたが，一方では確率分布を伴う多くの工学的な応用問題がある．データとして与えた乱数の発生状況によっては，必ずしも同一の答えが得られるとは限らない．このような確率論的問題の解析方法は，コンピュータシミュレーションの分野でよく用いられる．ここでは，モンテカルロ法を用いた解法について，その概要を述べている．

9.1 乱数について

ある区間でランダムに数値を得ようとするとき，その区間での出現の頻度分布が一定になる場合を**一様乱数**とよび，特定の分布をもつ乱数をその形の名前を付けて**指数乱数**，**正規乱数**などとよんでいる．これらの乱数は一定の算術演算規則を用いてコンピュータ内で生成するので，完全に規則性を除いたランダム数列を作ることはできない．よって，乱数生成法によって作られる乱数を**疑似乱数**とよぶ．

▶ 9.1.1 一様乱数

最も簡単な一様乱数の生成法に**平方採中法**がある．たとえば，4 桁の乱数列を求める場合を考えよう．図 9.1 に示すように，まず 4 桁の初期整数 x_1 を平方して（2 乗して），その中央の 4 桁を取り出して乱数列の第 2 項を x_2 とし，順次同じ方法で乱数列を求めていく．たとえば初期値 $x_1 = 1234$ としてその数の平方を求める

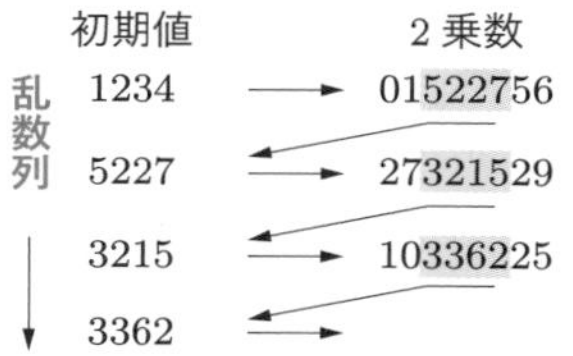

図 9.1　平方採中法による乱数生成

と，$x_1{}^2 = 01522756$ だから，その中央 4 桁をとると $x_2 = 5227$ が得られ，この計算を繰り返すことによって次のような乱数列 $(x_1, x_2, x_3, \ldots)$ が得られる．

$$1234, 5227, 3215, 3362, 3030, 1809, 2724, 4201, \ldots$$

しかし，この方法では計算で必要とする整数の桁が，求めたい整数の桁の 2 倍必要になり，また，乱数列を得るための計算時間も長くなる．そこで，よく用いられている一様乱数を発生させる方法として，**乗算型合同法**を説明する．この方法は図 9.2 に示すように，除算のときの剰余を数列化していくもので，次のような式で表すことができる．また，区間 $(0, 1)$ の範囲で一様乱数を必要とする場合には，上記方法で得られた乱数列を M で割ればよい．ここで，第 1 式の mod という表記は，ax_i を M で割り，その剰余を x_{i+1} とするという意味である．

$$x_{i+1} \equiv ax_i \pmod{M} \tag{9.1}$$

$$x_1 = b \tag{9.2}$$

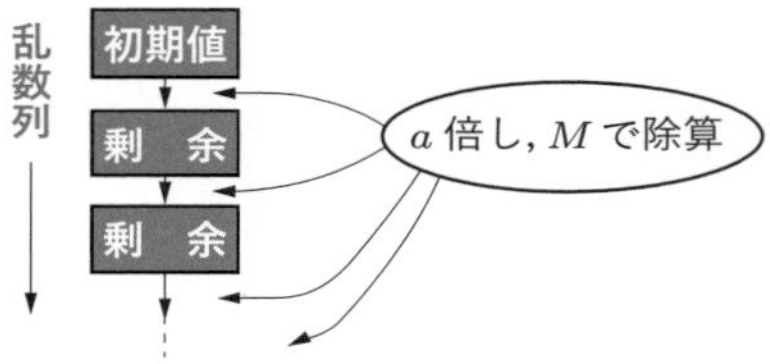

図 9.2 乗算型合同法による乱数生成

たとえば，乗算型合同法で $a = 2,\ b = 1,\ M = 25$ とすると，乱数列の第 1 項 x_1 は 1 であり，x_2 はこれを 2 倍して 25 で除した剰余だから，$x_2 = 2$ となる．同様の方法で順次数列を求めていくと，次の乱数列が得られる．

$$1, 2, 4, 8, 16, 7, 14, 3, 6, 12, 24, 23, 21, 17, 9, 18, 11, 22, 19,$$
$$13, 1, 2, 4, 8, \ldots$$

ところでこれらの方法によると，ある乱数の値が決まれば次の数が一義的に決まってしまうから，得られる乱数列は**周期性**をもつ．たとえば上の例では，21 個目以降に最初と同じ乱数列が現れている．よって，この乱数の周期は 20 である．

乗算型合同法では，乱数を生成する方法として剰余を用いているので，乱数の最大値は M より大きくならない．また，必ず M の値より小さな周期をもつことになる．よって，M としてはできるだけ大きな数を与える必要がある．しかし，式 (9.1)

から明らかなように，乱数生成の計算に必要な整数の最大値は (aM) になるので，この値がコンピュータの扱える最大整数値を超えないように配慮する必要がある．

C 言語で扱うことのできる signed short int 型符号付整数の最大値は 32767 であるため，上記の方法ではランダムに近い疑似乱数列を得ることが難しい．ただし，C 言語には一様乱数を与える関数（rand 関数）が用意されているので，これを用いて乱数の計算をすることができる．

例題 9.1 $a = 20,\ b = 1,\ M = 1001$ として，乗算型合同法によって乱数列を生成せよ．

解 式 (9.1)，(9.2) を用いて，

$$x_{i+1} \equiv ax_i \pmod{1001}$$
$$x_1 = b$$

となるから，次々にこの式に代入して，次の乱数列が得られる．

$$1, 20, 400, 993, 841, 804, \ldots$$

例題 9.2 乱数列を生成する数式を次式で表すとする．

$$x_{i+1} \equiv ax_i + c \pmod{M}$$
$$x_1 = b$$

$a = 1,\ b = 0,\ c = 7,\ M = 10$ のときの乱数列を求めよ．

解 与えられた式に値を代入して

$$x_{i+1} \equiv ax_i + 7 \pmod{10}$$
$$x_1 = 0$$

となるから，次々にこの式に代入して，次のような周期 10 の乱数列が得られる．

$$0, 7, 4, 1, 8, 5, 2, 9, 6, 3, 0, 7, 4, 1, 8, 5, 2, \ldots$$

この乱数生成法を**混合型合同法**とよび，周期が長くとれることから，広く用いられている．また，上式で $a = 1,\ c = 1, 3, 7, 9$ のとき，$M = 10^P$ とすると，その乱数の周期は 10^P になることが知られている．

▶ 9.1.2 正規乱数

これまでは，ある区間で生成割合が一定の乱数，一様乱数について述べてきた．次に，その生成割合が特定の分布に従う乱数を考えよう．その生成の割合，すなわち**確率密度関数**が**正規分布**に依存するものを正規乱数という．正規分布は**平均値**と**標準偏差**をそれぞれ μ と σ で表すとき，次のような関数で表現される．

$$\frac{1}{\sqrt{2\pi}\sigma}\exp\left\{\frac{-(x-\mu)^2}{2\sigma^2}\right\} \tag{9.3}$$

ここで，$\exp(x) = e^x$ とする．

正規乱数は，“偶発的に生じたことがらはある値を中心にして正規分布に従う”という法則に基づいて作ることができる．いま，区間 $(0,1)$ で一様に乱数が生成されているとき，その乱数列から任意の乱数 N 個を切り出して平均し，これを繰り返して新しい乱数の集合を作る．図 9.3 に示すように，区間 $(0,1)$ で一様な乱数を任意に取り出して平均するのだから，その値は区間の平均値 $(1/2)$ を中心にばらつくはずである．実際，そのようにして作った乱数群の分布は，平均値が $1/2$，標準偏差が $\sqrt{1/(12N)}$ という正規分布になるという性質がある．これを**中心極限定理**とよび，この考えを利用して正規乱数を生成する．

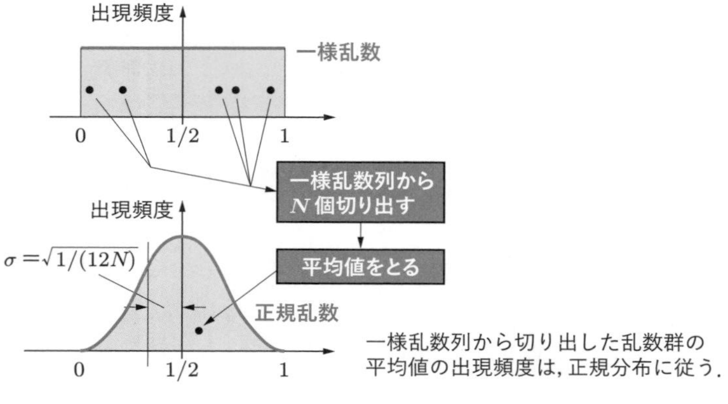

図 9.3 一様乱数から正規乱数を生成する原理図

取り出す乱数の個数 N はある程度大きい必要性があるが，N として 12 を選択すれば平均値も標準偏差も整数で表されるので，一般的には $N = 12$ が使われる．このとき，取り出した乱数の総和 $(\gamma_1 + \gamma_2 + \gamma_3 + \gamma_4 + \cdots + \gamma_{12})$ の集合はすべてが 12 倍されて，平均値は 6，標準偏差は 1 になるので，これらの集合から 6 を

引いた値

$$\nu = \gamma_1 + \gamma_2 + \gamma_3 + \gamma_4 + \cdots + \gamma_{12} - 6 \tag{9.4}$$

は平均値が 0 で，標準偏差が 1 の正規乱数になる．よって，平均値が μ で標準偏差が σ の正規乱数は

$$\mu + \sigma\nu \tag{9.5}$$

という関数で表現される．

例題 9.3 式 (9.4) を用いて正規乱数を生成し，その平均値と標準偏差が 0 と 1 になることを検証せよ．

解 正規乱数の平均値と標準偏差を求めるフローチャートとプログラムを，次に示す（図 9.4，プログラム 9.1）．さて，n 個のデータの平均値 μ と標準偏差 σ は次のように表される．

$$\mu = \sum_{i=1}^{n} \frac{\nu_i}{n} \tag{9.6}$$

$$\sigma = \sqrt{\frac{\sum_{i=1}^{n}(\nu_i - \mu)^2}{n}} = \sqrt{\frac{\sum_{i=1}^{n} {\nu_i}^2 - n\mu^2}{n}} \tag{9.7}$$

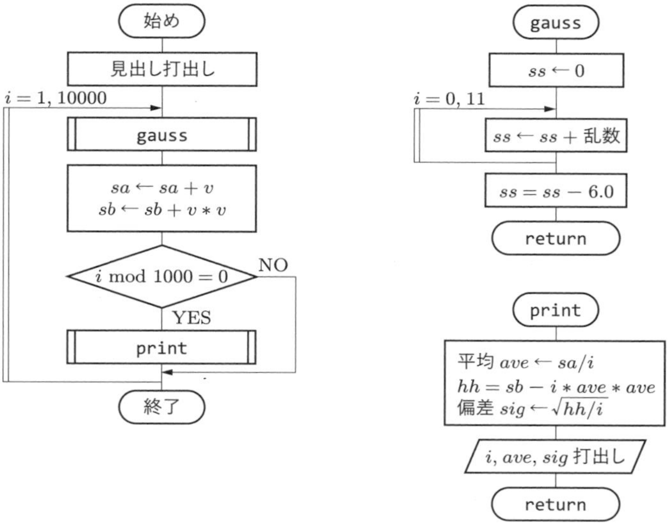

図 9.4 正規乱数発生の検証計算フローチャート

ここで，計算に必要な変数は $\sum \nu$ と $\sum \nu^2$ だから，これらの値をそれぞれ変数 sa と sb に格納する．一様乱数の生成はC言語で用意されている rand 関数と定数 RAND_MAX を用いている．rand 関数は，繰り返し呼び出されるたびに short int 型の乱数を生成する．よって，正規乱数生成関数 gauss では，rand 関数の返り値を 32768 で割り，0〜1 の一様乱数を 12 回生成して ss に加算し，この値から 6 を引いて正規乱数 ν を生成している．

1000 回計算するたびに，結果を打ち出す print 関数の処理を行う．平均値 ave と標準偏差 sig の計算は，上式 (9.6)，(9.7) によって行う．計算結果から明らかなように，平均値は 0 に，標準偏差は 1 に収束している．

プログラム 9.1

```
//  正規乱数検証計算

#include    <stdio.h>
#include    <stdlib.h>
#include    <math.h>

#define N   10000                               // 繰り返し回数

double  gauss( void );
void    print( double, double, int );

int main( int argc, char **argv ) {
    double  sa = 0.0, sb = 0.0;
    double  v;

    printf( "回数¥t平均値¥t標準偏差¥n" );       // 見出し打出し
    for( int i=1; i<=N; i++ ) {
        v = gauss();
        sa += v;
        sb += v * v;
        if( ( i % 1000 ) == 0 )
            print( sa, sb, i );
    }
    return 0;
}

                                                // 結果打出し
void print( double sa, double sb, int i ) {
    double  ave = 0.0, hh, sig;

    ave = sa / (double)i;
    hh = sb - (double)i * ave * ave;
    sig = sqrt( hh / (double)i );
    printf( "%6d %8.4lf %8.4lf¥n", i, ave, sig );
```

```
}


                                                    // 正規乱数生成
double  gauss( void ) {
    double  ss = 0.0;

    for( int i=0; i<12; i++ )
        ss += rand() / (double)RAND_MAX;
    return ss - 6.0;
}
```

実行結果 9.1

回数	平均値	標準偏差
1000	-0.0368	0.9980
2000	-0.0211	1.0040
3000	-0.0282	0.9980
4000	-0.0257	0.9892
5000	-0.0194	0.9867
6000	-0.0061	0.9895
7000	-0.0036	0.9932
8000	-0.0013	0.9881
9000	0.0050	0.9964
10000	0.0015	0.9962

▶ 9.1.3 指数乱数

その生成の割合が指数分布に依存するものを，指数乱数という．指数分布はその確率密度関数が次のような表現式になる．

$$\alpha \exp(-\alpha x) \tag{9.8}$$

指数乱数は，“小さな値は多く生じ，大きな値はあまり生じない”に従うような偶発的な値を発生する性質があるので，窓口への客や車の流れのモデルとしてよく利用されている．

この生成方法は，ある分布の乱数の確率密度関数を積分すると，一様乱数になることを利用する．このような乱数生成方法を**逆変換法**とよぶ．いま，τ を指数乱数，γ を一様乱数とすると，その間の関係式は次のようになる．

$$\int_0^\tau \alpha \exp(-\alpha x)\, dx = \gamma \tag{9.9}$$

この式を積分して変形すると，$1 - \exp(-\alpha\tau) = \gamma$ という形になるので

$$\tau = -\frac{1}{\alpha}\ln(1-\gamma) \tag{9.10}$$

が得られる．ところで，γ は区間 $(0,1)$ の一様乱数だから，$(1-\gamma)$ という量も同じ一様乱数になる．よって，指数乱数の生成法は

$$\tau = -\frac{1}{\alpha}\ln\gamma \tag{9.11}$$

という式に基づいて作ることができる．いま，区間 $(0,1)$ で一様乱数が生成されているとき，その乱数によって式 (9.11) から指数乱数を生成すると，図 9.5 に示すように，小さな乱数は多く生じ，大きな乱数はあまり生じないことがわかるだろう．

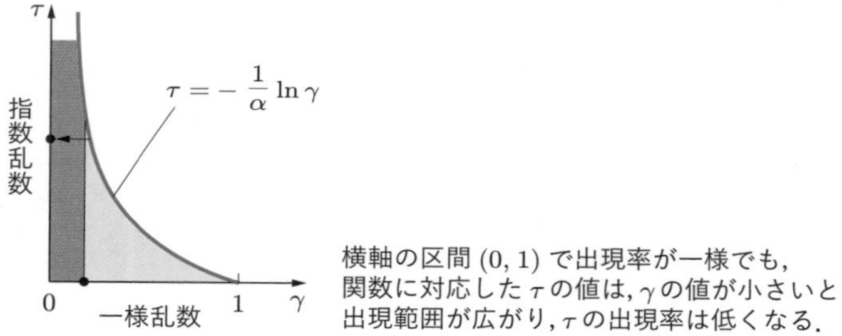

τ
指数乱数
τ = − 1/α ln γ
0
一様乱数
1
γ
横軸の区間 (0, 1) で出現率が一様でも，
関数に対応した τ の値は，γ の値が小さいと
出現範囲が広がり，τ の出現率は低くなる．

図 9.5 一様乱数と指数乱数

この指数分布による乱数は，ある系に偶発的に客が入ってくる時間間隔のモデルとしてよく用いられ，この式 (9.11) で表された客の流れを，**最も簡単な流れ**，または**ポアソン流れ**とよぶ．この場合，パラメータ α は**客の流れ密度**に相当する．

9.2 モンテカルロ法について

モンテカルロ法 (Monte Carlo method) は，乱数などの偶発的な確率変数を用いて，**試行錯誤的**に問題を解いていく数値計算法である．ある分布に従った乱数をデータとして偶発的な試行を幾度となく繰り返し，そのデータの平均をとって限りなく真の値に近づけていく．よって，この方法の特徴は，計算のアルゴリズムがきわめて簡単になることである．

この計算法による**誤差**は**試行回数の平方根**に反比例する．すなわち，精度を 1 桁上げるためには試行回数 N を 100 倍にしなくてはならない．よって，この方法はあまり高い精度を必要としない問題を解くのに利用されていて，10% 程度の誤差を含む場合が一般的である．

ここではモンテカルロ法の考え方について，一様乱数を用いた多重積分に関する問題と，正規乱数を用いた待ち行列の問題を例にとって解説する．

▶ 9.2.1 積分への応用

図 9.6 に示すように，各辺が 1 の正方領域に内接するように半径 1/2 の円が置かれている場合を考える．この領域内にランダムに N 個の点を打っていくと，N が非常に大きければ，円内に入った点群の割合は正方領域の面積 1 と円の面積 S との比になるだろう．よって，円内に入った点の数を M とすると，$N : M = 1 : S$ となり，これより次の式が得られる．

$$S = \frac{M}{N} \tag{9.12}$$

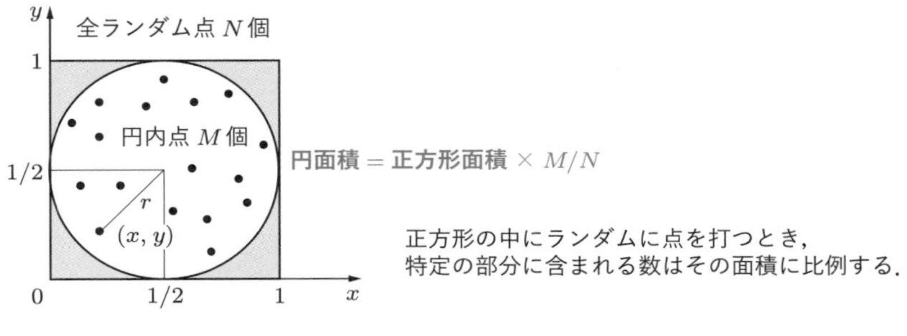

図 9.6 モンテカルロ法による積分―円の面積の計算方法―

よって，一様乱数を用いて点の座標 (x_1, x_2) を N 個与え，円内に入る点を数えれば，式 (9.12) から円の面積が求められる．円内に点が入ったかどうかは，円の中心 $(1/2, 1/2)$ から点までの距離が半径 1/2 以下であることで判別できる．

$$\left(x_1 - \frac{1}{2}\right)^2 + \left(x_2 - \frac{1}{2}\right)^2 \leq \left(\frac{1}{2}\right)^2 \tag{9.13}$$

この例では平面上で円の面積を考えたが，**多次元空間**でも同様である．3 次元に拡張すれば球体の体積が求められ，さらには一般の解析方法で解くことが難しい n 次元の球（超球）の体積も求めることができる．

例題 9.4 各辺が 1 の領域に内接する，円の面積から 5 次元の超球までの体積を求めよ．

解 N 次元空間に単位立方体を考えて，一様乱数によって点を打っていく．その座標を $(x_1, x_2, x_3, \ldots, x_N)$ とすると，球体中心からの距離が球体の半径以下となる点は，次のような判別によって求めることができる．

$$\sum_{k=1}^{N}\left(x_k - \frac{1}{2}\right)^2 \leq \left(\frac{1}{2}\right)^2 \tag{9.14}$$

よって，この条件に合う点の数 M を数えて，総点数 N で除算して M/N を求めると体積が求められる．このフローチャートとプログラム例を次に示す（図 9.7，プログラム 9.2）．

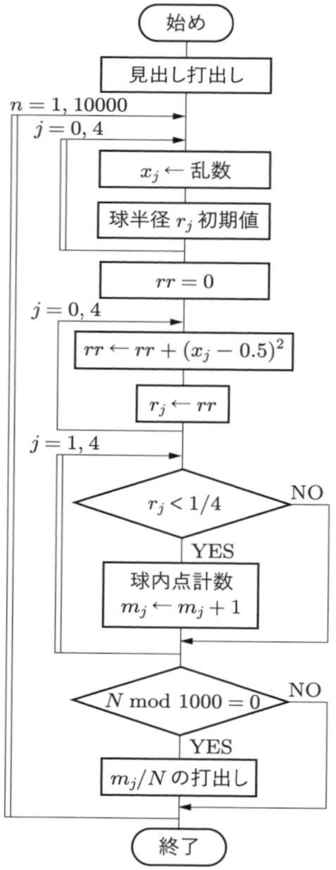

図 9.7 球体の体積計算フローチャート

プログラム 9.2

```
//  球体の体積計算

#include    <stdio.h>
#include    <stdlib.h>
#include    <math.h>

#define N   10000                                        // 繰返し回数
#define DIM 5                                            // 次元数

int main( int argc, char **argv ) {
    double  x[ DIM ], r[ DIM ];
    double  rr;
    int m[ DIM ];

    for( int j=0; j<DIM; j++ )
        m[ j ] = 0;
                                                         // 見出し打出し
    printf( "  回数    円面積    球体積    4次元    5次元¥n¥n" );
    for( int n=1; n<=N; n++ ) {
        for( int j=0; j<DIM; j++ ) {
            x[ j ] = (double)rand() / (double)RAND_MAX;
            r[ j ] = 0.0;
        }
        rr = 0.0;
        for( int j=0; j<DIM; j++ ) {
            rr += ( x[ j ] - 0.5 ) * ( x[ j ] - 0.5 );
            r[ j ] = rr;
        }
        for( int j=0; j<DIM; j++ )
            if( r[ j ] <= 0.25 ) m[ j ]++;
        if( ( n % 1000 ) == 0 ) {
                                                         // 解打出し
            printf( "%6d ", n );
            for( int j=1; j<DIM; j++ )
                printf( "%9.4lf", (double)m[ j ] / (double)n );
            printf( "¥n" );
        }
    }
    return 0;
}
```

実行結果 9.2

回数	円面積	球体積	4次元	5次元
1000	0.7910	0.5250	0.3370	0.1680
2000	0.7915	0.5135	0.3165	0.1515
3000	0.7850	0.5100	0.3080	0.1500
4000	0.7875	0.5208	0.3157	0.1560
5000	0.7876	0.5220	0.3154	0.1580
6000	0.7897	0.5270	0.3177	0.1643
7000	0.7873	0.5270	0.3160	0.1656
8000	0.7885	0.5278	0.3142	0.1639
9000	0.7879	0.5282	0.3102	0.1630
10000	0.7903	0.5309	0.3118	0.1649

このプログラムでは，まず，一様乱数列 5 組を配列 x に格納し，ランダムに与えられた点の各座標軸の値とする．その作業と同時に，各次元の球体の半径を格納した配列 r を 0 にする．式 (9.14) の左辺を変数 rr で対応させ，まず 0 で初期化してから式 (9.14) の累計計算を行い，各次元での中心からの距離の 2 乗を配列 r に格納する．

次に，配列 r 内の値が球体半径の平方 $(1/2)^2$ 以下であれば，その点は球体内部に存在するから，この数を数えるために配列 m に 1 を加える．これらを繰り越すと，配列 m 内に各次元の球体内の点の個数が累積されるので，繰り返し計算が 1000 回ごとに結果を打ち出している．球体の体積は，式 (9.12) に示されるように配列 m 内の値を繰り返し n で除算すればよい．

円（2 次元）の面積，球体（3 次元）の体積，4 次元の超球体積，5 次元の超球体積の正確な値は，それぞれ 0.7854, 0.5236, 0.3084, 0.1645 だから，かなりの精度でおのおのの体積が計算されていることがわかるだろう．

▶ 9.2.2 待ち行列問題

指数分布に従って客が入ってくるとき，n 箇所の窓口が開いていて，サービスに δ 時間かかる場合，窓口で客がサービスを受けられるまで待たされる平均待ち時間 t を計算してみよう．このような問題を**待ち行列問題**とよぶ．

この場合，$(N+1)$ 番目の客が入ってくる時刻は，式 (9.11) より

$$t_{N+1} = t_N + \tau \tag{9.15}$$

$$t_0 = 0$$

$$\text{ただし，} \tau = -\frac{1}{\alpha} \ln \gamma$$

で表すことができる．ここで，τ は次の客が入ってくるまでの時間間隔の期待値であり，α は客の流れの密度，γ は区間 $(0,1)$ の一様乱数である．

図 9.8 に示すように，第 1 の客は第 1 の窓口でサービスを受け，時刻 t_1 に 2 番目の客がサービスを受けるが，第 1 の窓口が空いていればその窓口で，使用中なら第 2 の窓口に進む．このようにして，N 番目の客はどこかの窓口が空いていればその場所でサービスを受けられるが，すべてが使用中だといずれかの窓口が空くまで待たされる．この待ち時間を集積し，全客数で割れば，1 人あたりの平均待ち時間が計算される．

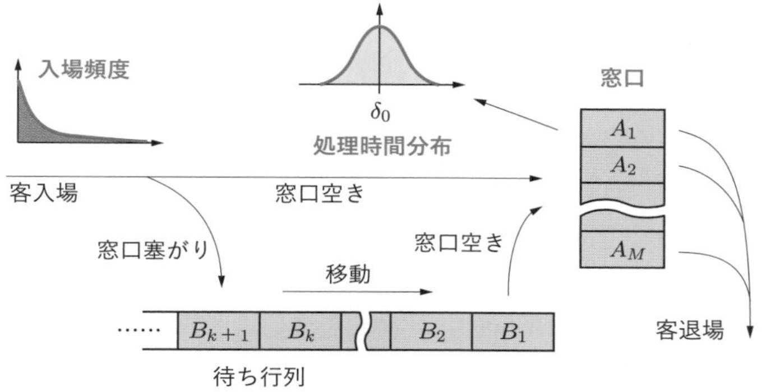

図 9.8 窓口サービスと客入場の関係

また，客 1 人が受けるサービスの時間 δ は，一般にはサービスの内容によって異なり，ある平均時間 δ_0 を中心とした標準偏差 σ の正規分布で表される．この場合は，式 (9.5) における平均値 μ を δ_0 に置き換えた

$$\delta = \delta_0 + \sigma\nu \tag{9.16}$$

という式で，個々のサービス時間の期待値を計算することができる．さらには，営業時間帯と曜日等によって客の入ってくる分布が異なる．このような例になると一般的な解析方法では解を求めることが難しいが，モンテカルロ法によれば簡単なアルゴリズムで計算できることが理解できるだろう．

▶ 9.2.3 実際の待ち行列問題

前項の問題を実際にプログラムする場合を考えよう．ある銀行の窓口に客が来行してサービスを受ける．客の流れ密度は $\alpha = 1$ 人/分に従うポアソン流れとしよう．

また，銀行の窓口は $m = 5$ 箇所が開かれており，1 サービスに必要な時間 δ は処理業務によって異なり，平均は $\delta_0 = 4.0$ 分で，標準偏差が $\sigma = 0.5$ 分のばらつきがあるものとする．このとき，窓口で客 1 人がサービスを受けられるまで待たされる平均待ち時間 t を計算する例を，プログラム 9.3，図 9.9 に示す．

プログラム 9.3

```
//  窓口平均待ち時間計算

#include    <stdio.h>
#include    <stdlib.h>
#include    <math.h>

#define N   30000                              // 来行人数
#define M   5                                  // 窓口数
#define ALF 1                                  // 流れ密度（α）
#define DEL 4                                  // 平均処理時間（δ0）
#define SIG 0.5                                // 処理時間のばらつき（σ）
#define EPS 0.000001                           // log 計算時のバイアス

int k = 0;                                     // 待ち人数

double  gauss( void );
void    cll( double, double * );
int minimum( double * );
double  tim( double, double, double *, double * );
void    sentaku( double, double *, double * );
double  poison( double );

int main( int argc, char **argv ) {
    double  ans = 0.0, time = 0.0;
    double  a[ 20 ], b[ 200 ];

    printf( "来行人数     平均待ち時間¥n" );
    for( int i=0; i< 20; i++ )
        a[ i ] = 0.0;
    for( int i=0; i<200; i++ )
        b[ i ] = 0.0;

    for( int i=1; i<=N; i++ ) {
        time += poison( time );
        ans = tim( ans, time, a, b );
        cll( time, a );
        sentaku( time, a, b );

                                               // 解打出し
        if( i % 2000 == 0 )
```

```
            printf( "%6d¥t%11.6lf¥n", i, ans / (double)i );
    }
    return 0;
}
                                                // 正規乱数生成
double  gauss( void ) {
    double  delta = 0.0;

    for( int p=0; p<12; p++ )
        delta += ( (double)rand() / (double)RAND_MAX );
    return( (double)DEL + SIG * ( delta - 6.0 ) );
}

                                                // 空き窓口ルーチン
void cll( double time, double a[] ) {

    for( int j=0; j<M; j++ ) {
        if( a[ j ] < time ) {
            a[ j ] = 0.0;
            return;
        }
    }
}

                                                // 最短空き窓口
int minimum( double a[] ) {
    int min = M;

    a[ min ] = 100000.0;
    for( int p=0; p<M; p++ )
        if( a[ min ] > a[ p ] )
            min = p;
    return min;
}

                                                // 待ち解除ルーチン
double  tim( double ans, double time, double a[], double b[] ) {
    int l;
    int min;

    while( k != 0 ) {
        min = minimum( a );

        if( a[ min ] >= time )
            break;

        ans += a[ min ] - b[ 0 ];
        a[ min ] += gauss();
```

```
        k--;
        for( l=0; l<k; l++ )
            b[ l ] = b[ l + 1 ];
        b[ l + 1 ] = 0.0;
    }
    return ans;
}

                                                // 窓口選択ルーチン
void sentaku( double t, double a[], double b[] ) {

    for( int j=0; j<M; j++ ) {
        if( a[ j ] == 0.0 ) {
            a[ j ] = t + gauss();
            return;
        }
    }
    b[ k ] = t;
    k++;
    return;
}
                                                // 指数乱数生成
double poison( double t ) {
    double  tau;

    tau = -log( (double)rand() / (double)RAND_MAX + EPS )
          / (double)ALF;
    return tau;
}
```

実行結果 9.3

来行人数	平均待ち時間
2000	1.964703
4000	1.547160
6000	1.645398
8000	1.667914
10000	1.557104
12000	1.499152
14000	1.463383
16000	1.399340
18000	1.411128
20000	1.384472
22000	1.404210
24000	1.369015
26000	1.406170
28000	1.394702
30000	1.383429

まず，各窓口を配列 a に対応させ，窓口が空く予定の時刻を格納する．また，窓口が全部塞がったために，客が待機する待ち行列を配列 b に対応させ，客が待機状態に入った時刻を格納する．客が最大何人待たされるかは不明であるので，b は十分大きな配列数をとっている．配列 a, b とも，格納内容が 0 の場合は対応する客がないものとする．

このシミュレーションは，客を 3 万人来行させるものとして，総待ち時間 ans を総来行人数 i で割った平均待ち時間を，2000 回ごとに打ち出している．

プログラムの内容は，まず，関数 poison によって，次の客の入場時刻 $time$ を決定する．関数 tim は式 (9.11) を用いた指数乱数生成法を用いて次の客入場までの時間 tau を計算し，現在時刻 t を加えて次客の入場時刻 $time$ を計算する．ここ

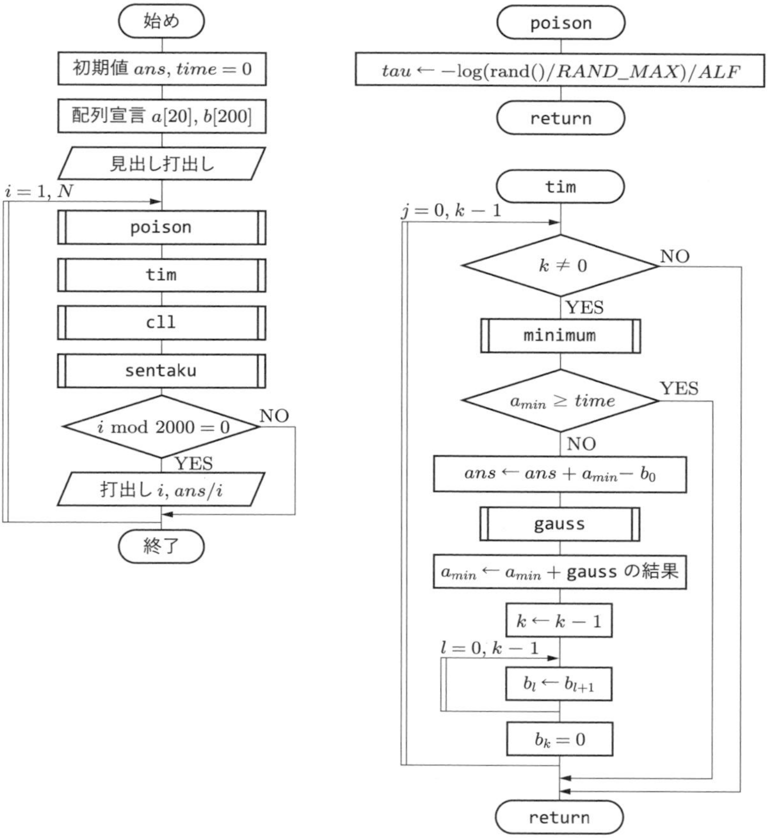

図 9.9 窓口サービスの計算フローチャート (1/2)

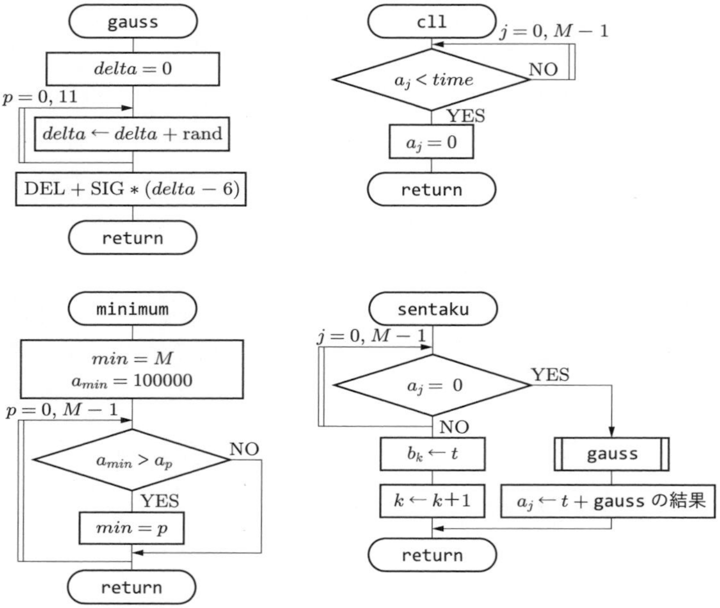

図 9.9 窓口サービスの計算フローチャート (2/2)

で用いられる一様乱数は，C 言語の関数 rand と定数 RAND_MAX を使用している．

次に，順番待ちの客を処理する関数 tim を実行する．ここでは次客が来るまでに窓口が空けば，待機中の待ち客を空いた窓口に配分している．まず，最も早く空く窓口を調べるために，最短空き窓口関数 minimum を実行し，窓口配列 a の内容を調べて，最小の窓口番号 min を求める．この値が次に客が来行する時刻 $time$ より小さければ，この時点で最も待ち時間の多い客をこの窓口に配分する．

この際，窓口 min の空いた時刻 $a[min]$ から客が待ち始めた時刻 $b[0]$ を減算すると，実質待ち時間が計算されるので，これを総待ち時間 ans に加算する．この配分によって，この窓口はさらに処理時間 $delta$ だけ塞がるので，$a[min]$ に $delta$ を加算する．処理時間 $delta$ は正規乱数発生関数 gauss で，式 (9.4)，(9.16) に従って生成している．

窓口が空くと待ち客が 1 人減るので，2 番目に待たされている客の時刻 $b[1]$ を配列 $b[0]$ に，同じように $b[l+1]$ を $b[l]$ に順次入れ換える．この操作によって，つねに配列 $b[0]$ に最長待ち時間の客の時刻が格納される．最後に，待ち人数 k が 1 人減るので k を 1 減算する．この作業を待ち客の人数分 k 回繰り返す．

次に，待ち客が 0 になって窓口が空いているかを調べるために，空き窓口関数 `cll` を実行する．もしも窓口の使用終了時刻，すなわち配列 a の内容が次に客の来行する時刻 $time$ より小さければ，その窓口は空き窓口になるはずだから，それがあれば 0 を代入して空き窓口であることを格納する．

ここで現在時刻を tau だけ進めて，次の客の処理に移る．次の来行客は窓口選択関数 sentaku によって，窓口を探す．配列 a のどこかが 0 なら，窓口は空いているから，その配列の内容を現在時刻 t に処理時間 $delta$ を加えた時刻，すなわち窓口の終了予定時刻を格納する．配列 a のすべてが 0 でなく塞がっている場合には，待ち行列 b の k 番目に現在時刻を格納し，待ち人数 k に 1 を加えて終了する．

これらの一連の作業が，客 1 人が来行した場合の処理である．これらを繰り返し行って，膨大な人数が来行した場合の平均待ち時間を計算することができる．この計算を実行してみると，数万回の試行によって結果がだいたい一定の値に収束し，1 人あたり 1.3 分程度の待ち時間が必要であるということが推測できるだろう．

演習問題

9.1　モンテカルロ法を用いて次式の値を求めよ．

$$\int_0^1\int_0^1\int_0^1 (x+y-z)\,dx\,dy\,dz$$

9.2　ある運送会社では，品物の配達依頼が 1 日に平均 $\mu_1 = 1500$ 個，標準偏差 $\sigma_1 = 200$ 個の正規分布に従って届くという．1 台の運送車が 1 日 8 時間で処理できる個数を，平均 $\mu_2 = 160$ 個，標準偏差 $\sigma_2 = 20$ 個として，8 台の車があるときに超過勤務で配送しなければならない個数は 1 日平均いくつか．

演習問題解答

第 1 章

1.1　$x = 1.55$

1.2　1.76

1.3　$-2 \pm 3j,\ -1 \pm 2j$

第 2 章

2.1　$x = 1,\ y = 2,\ z = 5$

2.2　$x_0 = -5.83,\ x_1 = -10.67,\ x_2 = -13.50,\ x_3 = -13.33,\ x_4 = -9.17$（ただし，ガウス－ザイデル法では最大ループ回数が 30 回では収束しないため，50 回として計算した）

2.3　略

第 3 章

3.1　0.79742

3.2　3.82 [°C]．誤測定により 4.15 [°C] となり，0.33 [°C] ずれる．

3.3　$y = 0.4(x + 2)$

3.4　$y = 9.01 - 8.97x - x^2 + x^3$

第 4 章

h	4.1　台形公式による計算値	4.2　シンプソンの公式による計算値
1.0000	0.7500	0.5000
0.5000	0.7083	0.6944
0.2500	0.6970	0.6933
0.1250	0.6941	0.6932
0.0625	0.6934	0.6931
0.0313	0.6932	0.6931

第 5 章

h	5.1 $x = 2.0$ のときの y	5.2 $x = 2.0$ のときの y
0.1000000000	5.7218	h の値にかかわらず $y = 3.3750$ となる
0.0500000000	6.0025	
0.0250000000	6.1525	
0.0125000000	6.2302	
0.0062500000	6.2697	
0.0031250000	6.2896	
0.0015625000	6.2996	
0.0007812500	6.3047	
0.0003906250	6.3072	
0.0001953125	6.3084	
0.0000976563	6.3091	

5.3　$y(0.5) = 0.5$

5.4　厳密解 $y = (e^{2x} - e^{-x})/3$, $z = (4e^{2x} - e^{-x})/3$, $x = 2.0$ のとき $y = 18.1543$, $z = 72.7524$

数値解

h	$x = 2.0$ のときの y	$x = 2.0$ のときの z
0.4000	18.0262	72.2401
0.2000	18.1431	72.7078
0.1000	18.1534	72.7491
0.0500	18.1542	72.7522
0.0125	18.1543	72.7524

第 6 章

6.1　厳密解 $u = (4/\pi)\sum_{n=0}\{1/(2n+1)\}\exp\{-(2n+1)^2\pi^2 t\}\sin(2n+1)\pi x$

6.2　厳密解 $u = \sin(\pi x)\cos(\pi t)$

6.3　略

第 7 章

7.1　(1) $\begin{bmatrix} 4 & 0 & -5 \\ -18 & 1 & 24 \\ -3 & 0 & 4 \end{bmatrix}$　(2) $\begin{bmatrix} -0.55 & 0.47 & 0.07 & -0.98 \\ 0.10 & 0.06 & -0.14 & -0.04 \\ -0.15 & 0.11 & -0.09 & 0.26 \\ 0.40 & -0.16 & 0.04 & 0.44 \end{bmatrix}$

7.2　(1) 固有値…… 4.236　−0.236　9.000

固有ベクトル $\begin{bmatrix} 0.872 & -0.387 & 0.302 \\ 0.298 & 0.906 & 0.302 \\ -0.390 & -0.173 & 0.905 \end{bmatrix}$

(2) 固有値…… 2.000 3.000 1.000 4.000

固有ベクトル $\begin{bmatrix} 0.707 & 0.000 & 0.000 & 0.707 \\ 0.000 & 1.000 & 0.000 & 0.000 \\ 0.000 & 0.000 & 1.000 & 0.000 \\ -0.707 & 0.000 & 0.000 & 0.707 \end{bmatrix}$

第 8 章

8.1 $y' = a\omega(-\sin(\omega t) + j\cos(\omega t))$, $y'' = a\omega^2(-\cos(\omega t) - j\sin(\omega t))$, $y''' = a\omega^3 \times (\sin(\omega t) - j\cos(\omega t)) = -ja\omega^3(\cos(\omega t) + j\sin(\omega t))$

8.2 8.1.2, 8.2.2 項参照

8.3 $1.12\, e^{-jz}$, $\tan z = 0.5$

8.4 8.5 略

第 9 章

9.1 0.5

9.2 約 225 個

参考文献

[1] 赤坂　隆：数値計算，コロナ社，1967

[2] 森　正武，名取　亮，鳥居達生：数値計算，岩波書店，1982

[3] 一松　信：数値解析，朝倉書店，1982

[4] A. D. ブース著，宇田川銈久・中村義作訳：数値計算法，コロナ社，1958

[5] 杉江日出澄ほか：FORTRAN 77 による数値計算法，培風館，1986

[6] C. ドボアー・S. D. コンテ著，吉澤　正訳：電子計算機による数値解析と算法入門，ブレイン図書出版，1980

さくいん

著者略歴
三井田　惇郎（みいだ・よしろう）
1968 年　慶應義塾大学大学院博士課程修了
　　　　工学博士（慶應義塾大学）
1968 年　慶應義塾大学計測工学科助手
1970 年　千葉工業大学電子工学科助教授
1981 年　千葉工業大学電子工学科教授
1988 年　千葉工業大学情報工学科教授
1997 年　千葉工業大学情報ネットワーク学科教授
2001 年　千葉工業大学情報科学部学部長
2010 年　千葉工業大学名誉教授
2020 年　逝去

須田　宇宙（すだ・ひろし）
1997 年　千葉工業大学大学院博士後期課程修了
　　　　博士（工学）（千葉工業大学）
1997 年　千葉工業大学情報ネットワーク学科助手
2001 年　千葉工業大学情報ネットワーク学科講師
2005 年　千葉工業大学情報ネットワーク学科助教授
2007 年　千葉工業大学情報ネットワーク学科准教授

数値計算法（第 3 版）

1991 年 4 月 14 日　第 1 版第 1 刷発行
2000 年 10 月 26 日　第 2 版第 1 刷発行
2014 年 2 月 20 日　第 2 版新装版第 1 刷発行
2023 年 2 月 20 日　第 2 版新装版第 10 刷発行
2023 年 10 月 20 日　第 3 版第 1 刷発行

著者　　三井田惇郎・須田宇宙

編集担当　宮地亮介（森北出版）
編集責任　上村紗帆（森北出版）
組版　　プレイン
印刷　　創栄図書印刷
製本　　　同

発行者　森北博巳
発行所　森北出版株式会社
〒102-0071　東京都千代田区富士見 1-4-11
03-3265-8342（営業・宣伝マネジメント部）
https://www.morikita.co.jp/

ISBN 978-4-627-80154-7